Handbuch
über Fehler an Druckgussteilen

Elisabetta Gariboldi, Franco Bonollo, Piero Parona (Hrsg.)

Handbuch über Fehler an Druckgussteilen

Vulkan Verlag

Bibliografische Information der Deutschen Nationalbibliothek
Die Deutsche Nationalbibliothek verzeichnet diese Publikation in der Deutschen Nationalbibliografie; detaillierte bibliografische Daten sind im Internet über **www.dnb.de** abrufbar.

Handbuch über Fehler an Druckgussteilen
Arbeitsgruppe „Qualität im Druckguss", Studiengruppe Druckguss,
Italienischer Verband für Metallurgie
Elisabetta Gariboldi, Franco Bonollo, Piero Parona (Hrsg.)
Übersetzung: Michael Franke
1. Auflage 2025

ISBN: 978-3-8027-3192-1 (Print)
ISBN: 978-3-8027-3193-8 (eBook)

Unter Mitarbeit von: Luca Baraldi, Flavio Cecchetto, Pietro Figini, Nicola Gramegna, Fabio Grosselle, Silvio Franzina, Giuseppe Mugnai, Mario Rosso, Giulio Timelli, Gianantonio Vanalli

Friedrich-Ebert-Straße 55, 45127 Essen, Deutschland
E-Mail: bestellung@vulkan-verlag.de
Telefon: +49 201 820 02-0
Internet: www.vulkan-verlag.de

Projektmanagement: Marie-Therese Hanschmann, Vulkan-Verlag GmbH, Essen
Herstellung: Melanie Zöller, Vulkan-Verlag GmbH, Essen
Umschlaggestaltung: Melanie Zöller, Vulkan-Verlag GmbH, Essen
Titelbild: © Michael Franke, Franke Giessereitechnik, Dresden
Satz: Brigitte Schmidt, Schmidt Media Design, München
Druck: ScandinavianBook, Scandinavian Print Group DE GmbH, 91413 Neustadt a. d. Aisch

Inhalt

Danksagung

Die Broschüre fasst die Ergebnisse einer Untersuchung zusammen, die sich über zwei Jahre erstreckte und an der Experten aus Industrie und Wissenschaft sowie Unternehmen der Druckgussindustrie beteiligt waren. Sie ist das Ergebnis der Arbeit aller Beteiligten. Die Herausgeber möchten sich daher bedanken bei

- der Arbeitsgruppe „Qualität von Druckgussstücken" des Studienzentrums für Druckguss des italienischen Verbands für Metallurgie, bestehend aus:
  - Luca Baraldi (Baraldi Lubrificanti),
  - Franco Bonollo (Università di Padova),
  - Giulia Canonico (Nuova Renopress),
  - Flavio Cecchetto (Baraldi Lubrificanti),
  - Pietro Figini (Ghial),
  - Silvio Franzina (Form),
  - Elisabetta Gariboldi (Politecnico di Milano),
  - Luigi Levorato (Fondmec),
  - Giuseppe Mugnai (Form),
  - Piero Parona (Enginsoft),
  - Mario Rosso (Politecnico di Torino),
  - Gianfranco Rota Martir (Fonderie Mazzucconi),
  - Giulio Timelli (Università di Padova),
  - Gianantonio Vanalli (Fonderie M. Mazzucconi),

- den Unternehmen, die ihre Unterlagen und Erfahrungen zur Verfügung gestellt haben:
  - ALMEC,
  - B&B Italia,
  - ENGINSOFT,
  - FONDERIE ABOR,
  - FONDERIE M. MAZZUCCONI,
  - FONDMEC,
  - FORM,
  - GHIAL,
  - MAGMA,
  - TOOLCAST,

- den Universitäten, die ihre Archive zur Verfügung gestellt haben:
  - Politecnico di Milano, Abteilung für Mechanik,

- Politecnico di Torino, Abteilung für Materialwissenschaften und Chemieingenieurwesen,
- Università di Padova, Fachbereich Technik und Management von Industriesystemen und

- dem NADIA-Forschungsprojekt („New Automotive Components Designed for and Manufactured by Intelligent Processing of Light Alloys“, 6. EU-FP, Vertrag Nr. 02656-2, www.nadiaproject.org), aus dessen Tätigkeit einige der in dieser Broschüre ausgeführten Informationen und Bilder entnommen wurden.

1. Einleitung

Die Qualität der Gussteile im Druckgussbereich ist gleichermaßen ein aktuelles, wesentliches und kritisches Thema. Es ist allgemein bekannt, dass das Druckgießverfahren im Bereich der Gießereitechnologien dasjenige Verfahren ist, das mehr als andere mit dem Vorhandensein von Fehlern, Anomalien und Unvollkommenheiten im Endprodukt „leben" muss.

Dieses Zusammenspiel ist im Laufe der Jahre immer problematischer geworden, da von den Druckgussteilen immer höhere Leistungen verlangt werden, um sehr große Serien von besonders anspruchsvollen Bauteilen produzieren zu können.

Die technologische Entwicklung der Druckgussindustrie hängt eng mit der Fähigkeit zusammen, das Verfahren und das Produkt ständig zu verbessern, wobei die Qualität zum Maßstab und Instrument einer stabilen Wertschöpfung wird.

Vor diesem Hintergrund präsentiert der italienische Metallurgieverband die Arbeit des Centro di Studio Pressocolato in diesem Buch.

Fehler und Unvollkommenheiten in Druckgussteilen können nicht vollständig beseitigt werden.

Es ist jedoch möglich, durch die Kombination von Fachwissen, wissenschaftlicher Vorgehensweise, betrieblicher Erfahrung und mit dem Potenzial der numerischen Prozesssimulation

- eine systematische und betriebliche Klassifizierung von Fehlern zu erstellen,
- die wichtigsten morphologischen Merkmale der Fehler zu identifizieren,
- ihre Hauptursachen zu beschreiben und
- die wirksamsten und möglichen Korrekturmaßnahmen aufzuzeigen.

Diese Arbeit bietet den Druckgießereien mit einer ausführlichen Dokumentation ein grundlegendes Instrument, um wirksame Maßnahmen zur Prozess- und Produktverbesserung zu ergreifen.

Die in diesem Dokument vorgestellte Klassifizierung (typologisch, morphologisch, ursachenbezogen sowie der Möglichkeit einer Fehlervorhersage im Hinblick auf die Optimierung des Prozesses) soll der Druckgießerei helfen, die Fehlerproblematik mit immer größerer Sicherheit und Kompetenz zu handhaben, um die Qualität und Zuverlässigkeit der Produkte zu gewährleisten.

2. Vorwort

Aluminium spielt im Automobilsektor eine entscheidende Rolle. Die europäischen Vorschriften über den CO_2-Ausstoß in die Atmosphäre verpflichten die Hersteller zu besonderen Anstrengungen, um das Gewicht von Fahrzeugen zu reduzieren, und zwar sowohl von Pkw als auch von schweren Transportfahrzeugen.

In dieser besonders kritischen Zeit sind die Automobilhersteller gezwungen, die Kosten zu senken, äußerst zuverlässige Produkte anzubieten und gleichzeitig die Umweltverträglichkeit zu gewährleisten.

Der Aluminiumdruckguss ist eine strategische Technologie. Er ermöglicht hohe Produktionsraten und eine große Vielfalt an machbaren Formen. Das volle Potenzial des Druckgusses kann nur dann ausgeschöpft werden, wenn das Qualitätsniveau perfekt optimiert ist.

Die Qualität von Druckgussteilen hängt von vielen Parametern ab, die in ihrer Gesamtheit nicht einfach zu steuern sind, und es gibt aktuell kein Reglement, das den Auftraggebern und den Gießereien bei der Wahl der optimalen Legierungen, Verfahren und Konstruktionskriterien zur komplexen Orientierung dienen könnte.

Italien, das seit vielen Jahren in Europa führend im Druckguss von Aluminiumlegierungen ist, sollte sich so schnell wie möglich mit den bestmöglichen Systemen ausstatten, um diese Optimierungsmaßnahmen durchführen zu können.

3. Vorbetrachtungen

3. Vorbetrachtungen

Die Notwendigkeit, Gussteile aus Aluminiumlegierungen mit immer höherem Qualitätsniveau und größerer Zuverlässigkeit herzustellen, erfordert eindeutig eine eingehende Reflexion über die Möglichkeiten und Grenzen des Druckgussverfahrens.

Die Begriffe „Qualität" und „Zuverlässigkeit" sind in der Tat zu allgemein, wenn ihre Bedeutung und Auswirkung im industriellen Bezugskontext nicht begründet und detailliert erklärt werden können.

Aus diesem Grund wurde eine Arbeitsgruppe für die Druckgussqualität innerhalb des Studienzentrums Druckguss des italienischen Verbandes Metallurgie eingerichtet.

In den letzten Jahren hat diese Arbeitsgruppe eine Umfrage in den italienischen Unternehmen zu Fragen der Gussqualität durchgeführt, um die detaillierte Vorgehensweise und Handhabung dieses Problemkreises zu bündeln.

Dabei haben sich die folgenden wesentlichen Aspekte herauskristallisiert:

a) Die Produktion lässt sich anhand von fünf Haupttypen von Gussstücken gut beschreiben (**Bild 3.1**):

- überwiegend dünnwandige Gussteile (0,8 bis 3 mm),
- Druckgussteile für Lagergehäuse und Sicherheitsteile (deren Fehlfunktion die Sicherheit von Personen gefährden kann),
- Druckgussteile für Stützen, Behälter und Deckel,
- Druckgussteile für Zylinderblöcke,
- Druckgussteile, die nicht in die vorgenannten Gruppen passen.

b) Die wichtigsten zu erfüllenden Qualitätsanforderungen betreffen (**Bild 3.2**):

- Druckdichtigkeit,
- Sicherheit,
- optisches Erscheinungsbild,

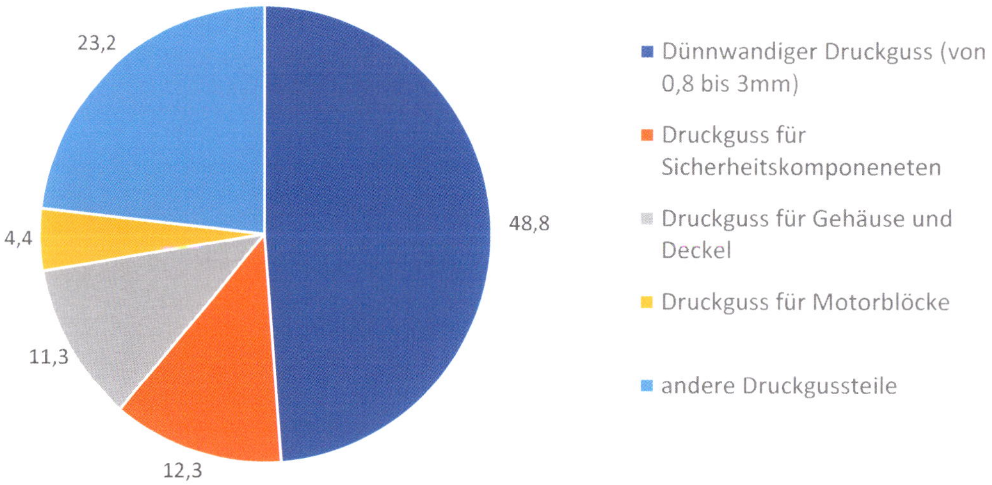

Bild 3.1: Menge der gegossenen Aluminiumlegierungen nach Kategorien

7. Literatur

7. Literatur

[1] Gruppo di Lavoro Qualità dei Getti Pressocolati: Qualità dei getti pressocolati: Indagine sulla situazione attuale, prospettive di una norma sulle condizioni di fornitura dei getti pressocolati. Centro di Studio Pressocolata, Associazione Italiana di Metallurgia, Mailand (Italien), 2006

[2] Cocks, D. L.: A proposed simple qualitative classification for die-casting defects. In: Proc. Die-casting Conference, Montreux (Schweitz), 1996, S. 19/1–19/15

[3] Campbell, J.; Harding, R. A.: Casting technology. In: TALAT 2.0, CD-ROM, EAA, Brüssel (Belgien), 2000

[4] Campbell, J.: Castings. Elsevier Science Ltd., Oxford (England), 2003

[5] Walkington, W. G.: Die Casting defects – Causes and solutions. North American Die Casting Association, 1997

[6] Gariboldi, E.; Bonollo, F.; Rosso, M.: Proposal of a classification of defects of highpressure diecast products. In: La Metallurgia italiana, 99 (2007) 6, S. 39

[7] Gariboldi, E.; Bonollo, F.; Rosso, M.: Classification criteria for defects in diecast components. Proceedings High Tech Die Casting 2008, Montichiari (Italien), 2008

[8] Bonollo, F.; Odorizzi, S.: Numerical Simulation of Foundry Processes. SGE, Padua (Italien), 2001

[9] Flemings, M. C.: Solidification Processing. Mc Graw Hill, New York (USA), 1974

[10] ASM Metals Handbook, 10. Ausgabe, Band 15: Casting. ASM – Metals Park, Ohio, 1990

[11] Di Russo, E.: Atlante Metallografico delle leghe di alluminio da fonderia. Edimet, Brescia (Italien), 1991

[12] Brown, J. R.: Non-ferrous foundryman's handbook. Butterworth, Oxford (England), 1999

[13] Kubo, K.; Pehlke, R. D.: Mathematical modeling of porosity formation in solidification. In: Metallurgical Transactions, 16B (1985), S. 359–366

[14] Timelli, G.; Bonollo, F.: Microstructure, defects and properties in aluminium alloys castings: a review. Proc. Int. Conf. Aluminium Two Thousand, Florenz (Italien), 2007

[15] Lee, P. D.; Chirazi, A.; See, D.: Modeling microporosity in aluminum-silicon alloys: a review. In: Journal of Light Metals, 1 (2001), S. 15–30

[16] Lee, Y. W.; Chang, E.; Chieu, C. F.: Modeling of feeding behavior of solidifying Al-7Si-0.3Mg alloy plate casting. In: Metallurgical Transactions, 21B (1990), S. 715–722

[17] Mathiesen, R. H.; Arnberg, L.; Ramsoskar, K.: Time Resolved X-Ray Imaging of Aluminium Alloy Solidification Process. In: Metall. Mat. Trans, 33B (2002), S. 613–623

[18] Anson, J. P.; Gruzleski, J. E.: The Quantitative Discrimination between Shrinkage and Gas Microporosity in Cast Aluminum Alloys Using Spatial Data Analysis. In: Mat. Char., 43 (1999), S. 319–335

[19] Shin, T. S.; Huang, L. W.; Chen, Y.: Relative porosity in aluminium and aluminium alloys. In: Int. J. Cast Metals Res., 18 (2005), S. 301–308

[20] Shang, L. H.; Paray, F.; Gruzleski, J. E.; Bergeron, S.; Mercadante, C.; Loong, C. A.: Prediction of microporosity in Al-Si castings in low pressure permanent mould casting using criteria functions. In: Int. J. Cast Metals Res., 17 (2004), S. 193–200

[21] Wang, Q. G.; Apelian, D.; Lados, D. A.: Fatigue behaviour of A356-T6 aluminum cast alloys. Part I. Effect of casting defects. In: J. Light Met., 1 (2001), S. 73–84

[22] Wang, Q. G.; Apelian, D.; Lados, D. A.: Fatigue behaviour of A356/357 aluminum cast alloys. Part II – Effect of microstructural constituents. In: J. Light Met., 1 (2001), S. 85–97

[23] Francis, J. A.; Cantin, G. M. D: The role of defects in the fracture of an Al-Si-Mg cast alloy. In: Mater. Sci. Eng. A, 407 (2005), S. 322–329

[24] Akhtar, S.; Arnberg, L.; Di Sabatino, M.; Timelli, G.; Bonollo, F.: A Comparative study of defects and mechanical properties in high pressure die cast and gravity die cast Aluminium alloys. In: International Foundry Research, 2 (2009), S. 36–48

[25] Merlin, M.; Timelli, G.; Bonollo, F.; Garagnani, G. L.: Impact behaviour of A356 alloy for low-pressure die casting automotive wheels. In: Journal of Materials Processing Technologies, 209 (2009) 2, S. 1.060–1.073

[26] Dai, X.; Yang, X.; Campbell, J.; Wood, J.: Effects of runner system design on the mechanical strength of Al-7Si-Mg alloy castings. In: Mater. Sci. Eng. A, 354 (2003), S. 315–325

[27] Cáceres, C. H.; Selling, B. I.: Casting defects and the tensile properties of an Al-Si-Mg alloy. In: Mater. Sci. Eng. A, 220 (1996), S. 109–116

[28] Avalle, M.; Belingardi, G.; Cavatorta, M. P.; Doglione, R.: Casting defects and fatigue strength of a die cast aluminium alloy: A comparison between standard specimens and production components. In: Int. J. Fatigue, 24 (2002), S. 1–9

[29] Cáceres, C. H.: A phenomenological approach to the quality index of Al-Si-Mg casting alloys. In: Int. J. Cast Metals Res., 12 (2000), S. 367–375

[30] Cáceres, C. H.: A rationale for the quality index of Al-Si-Mg casting alloys. In: Int. J. Cast Metals Res., 12 (2000), S. 385–391

[31] Verran, G. O.; Mendes, R. P. K.; Rossi, M. A.: Influence of injection parameters on defects formation in die casting Al12Si1,3Cu alloy: experimental results and numeric simulation. In: Journal of Materials Processing Technology, 179 (2006), S. 190–195

[32] Campbell, J.: Materials perspective, entrainment defects. In: Materials science and technology, 22 (2006) 2, S. 132–136

[33] Faura, F.; López, J.; Hernández, J.: On the optimum plunger acceleration law in the slow shot phase of pressure die casting machines. In: Int. J. Mach. Tools Manuf., 41 (2001), S. 173–191

[34] Timelli, G.; Bonollo, F.: Quality mapping of Aluminium alloy diecastings. In: Metallurgical Science and Technology, 26-1 (2008), S. 2–8

[35] Timelli, G.; Bonollo, F.; Cupitò, G.: The impact of defects on the quality of Aluminium alloys diecastings. In: ATA – Ingegneria dell'autoveicolo, 62 (2009) 1/2, S. 12–19

[36] Yi, J. Z.: Statistical modeling of microstructure and defect population effects on the fatigue performance of cast A356-T6 automotive components. In: Mat. Sci. Eng., A432 (2006), S. 59–68

[37] Wang, Q. G.: Oxide Films, Pores and the Fatigue Lives of Cast Aluminum Alloys. In: Metall. And Mater. Trans., 37B (2006), S. 887–895

[38] Moores, A. W.; Froesher, A.: New device for the determination of hydrogen concentration in aluminum alloy. In: AFS Transactions, 2005, S. 1–10

[39] Marcolongo, P.; Evans, J. W.; Steingart, D. A.; Bonollo, F.: Nuova sonda per rilevare le bolle di gas – Parte 1. In: Pressocolata e Tecniche Fusorie, 2 (2007), S. 117–121

[40] Marcolongo, P.; Evans, J. W.; Steingart, D. A.; Bonollo, F.: Nuova sonda per rilevare le bolle di gas – Parte 2. In: Pressocolata e Tecniche Fusorie, 2 (2007), S. 96–101

[41] Atwood, R. C.: Diffusion controlled growth of Hydrogen pores in Al-Si castings: in situ observation and modeling. In: Acta mater, 48 (2000), S. 405–417

[42] Chen, X. G.; Gruzleski, J. E.: Influence of melt cleanliness on pore formation in aluminium-silicon alloys. In: Int. J. Cast Metals Res., 9 (1996), S. 17–26

[43] Yang, X.; Huang, X.; Dai, X.; Campbell, J.; Tatler, J.: Numerical modelling of entrainment of oxide film defects in filling of aluminium alloy castings. In: Int. J. Cast Metals Res., 17 (2004), S. 321–331

[44] Dai, X.; Yang, X.; Campbell, J.; Wood, J.: Influence of oxide film defects generated in filling on mechanical strength of aluminium alloy castings. In: Mater. Sci. Technol., 20 (2004), S. 505–513

[45] Fox, S.; Campbell, J.: Visualisation of oxide film defects during solidification of aluminium alloys. In: Scripta Mater., 43 (2000), S. 881–886

[46] Dispinar, D.; Campbell, J.: Use of bifilm index as an assessment of liquid metal quality. In: Int. J. Cast Metals Res., 19 (2006), S. 5–17

[47] Campbell, J.: An overview of the effects of Bifilms on the structure and properties of cast alloys. In: Metall. and Mater. Trans., 37B (2006), S. 857–863

[48] Espinoza-Cuadra, J.; Garcıa-Garcia, G.; Mancha-Molinar, H.: Influence of defects on strength of industrial aluminum alloy Al–Si 319. In: Materials & Design, 28 (2007) 3, S. 1.038–1.044

[49] Aziz Ahamed, A. K. M.; Kato, H.; Kageyama, K.; Komazaki, T.: Acoustic visualization of cold flakes and crack propagation in aluminum alloy die-cast plate. In: Mater. Sci. Eng. A423, (2006), S. 313–323

[50] Liu, F.; Samuel, F. H.: Effect of inclusions on the tensile properties of Al-7%Si-0.35% Mg (A356.2) aluminium casting alloy. In: J. Mat. Sci., 33 (1998), S. 2.269–2.281

[51] Seniw, M.; Conley, J.; Fine, M.: The effect of microscopic inclusion locations and silicon segregation on fatigue lifetimes of aluminum alloy A356 castings. In: Mat. Sci. Eng., A285 (2000), S. 43–48

[52] Wang, L.; Makhlouf, M.; Apelian, D.: Aluminum Die-Casting Alloys – Alloy Composition, Microstructure, and Properties/Performance Relationship. In: International Materials Review, 40 (1995), S. 221–238

[53] Timelli, G.; Lohne, O.; Arnberg, L.; Laukli, H. L.: Effect of solution heat treatments on the microstructure and mechanical properties of a diecast Al-Si7-Mg-Mn alloy. In: Metallurgical and Materials Transactions, 39A (2008), S. 1.747–1.758

[54] Battle, T. P.: Mathematical modelling of solute segregation in solidifying materials. In: International Materials Review, 37 (1992), S. 239–270

[55] Farupi, J.; Drezet, J. M.; Rappaz, M.: In situ observation of hot tearing formation in succilonitrile-acetone. In: Acta mater., 49 (2001), S. 1.261–1.269

[56] Yan, X.; Lin, J. C.: Prediction of Hot Tearing tendency for multicomponent Aluminum alloys. In: Metall. And Mater. Trans., 37B (2006), S. 913–918

[57] Knuutinen, A.; Nogita, K.; McDonald, S. D.; Dahle, A. K.: Porosity formation in aluminium alloy A356 modified with Ba, Ca, Y and Yb. In: Journal of Light Metals, 1 (2001), S. 241–249

[58] Niu, X. P.; Hua, B. H.; Pinwilla, I.; Lib, H.: Vacuum assisted high pressure die casting of aluminium alloys. In: Journal of Materials Processing Technology, 105 (2000), S. 119–127

[59] Kosec, B.; Kosec, L.; Kopac, J.: Analysis of casting die failures. In: Engineering Failure Analysis, 8 (2001), S. 355–359

[60] Chen, Z. W.; Jahedi, M. Z.: Die erosion and its effect on soldering formation in high pressure die casting of aluminium alloys. In: Materials & Design, 20 (1999) 6, S. 303–309

[61] Mitterer, C.; Holler, F.; Üstel, F.; Heim, D.: Application of hard coatings in aluminium die casting – soldering, erosion and thermal fatigue behaviour. In: Surface and Coatings Technology, 125 (2000) 1–3, S. 233–239

[62] Gulizia, S.; Jahedi, M. Z.; Doyle, E. D.: Performance evaluation of PVD coatings for high pressure die casting. In: Surface and Coatings Technology, 140 (2001), S. 200–205

[63] Domkin, K.; Hattel, J. H.; Thorborg, J.: Modeling of high temperature- and diffusioncontrolled die soldering in aluminum high pressure die casting. In: Journal of Materials Processing Technology, 209 (2009) 8, S. 4.051–4061

[64] Zhu, H.; Guo, J.; Ji, J.: Experimental study and theoretical analysis on die soldering in aluminum die casting. In: Journal of Materials Processing Technology, 123 (2002) 2, S. 229–235

[65] Joshi, V.; Srivastava, A.; Shivpuri, R.: Intermetallic formation and its relation to interface mass loss and tribology in die casting dies. In: Wear, 256 (2004) 11–12, S. 1.232–1.235

[66] Tentardini, E. K.; Kunrath, A. O.; Aguzzoli, C.; Castro, M.; Moore, J. J.; Baumvol, I. J. R.: Soldering mechanisms in materials and coatings for aluminum die casting. In: Surface and Coatings Technology, 202 (2008) 16, S. 3.764–3.771

[67] Zhu, Y.; Schwam, D.; Wallace, J. F.; Birceanu, S.: Evaluation of soldering, washout and thermal fatigue resistance of advanced metal materials for aluminum die-casting dies. In: Materials Science and Engineering, A379 (2004) 1–2, S. 420–431

[68] Shankar, S.; Apelian, D.: Die soldering: mechanism of the interface reaction between molten aluminum alloy and tool steel. In: Metallurgical and Materials Transactions, 33B (2002), S. 465–476

[69] Sundqvist, M.; Hogmark, S.: The mechanisms of erosive wear of die casting dies for aluminium. In: Proceedings of the Int. European Conf. on Tooling Materials, (1992), S. 453–466

[70] Bernacchi, E.; Ferrero, A.; Gariboldi, G.; Korovkin, A.; Pontini, G.: PVD coatings in aluminium die casting dies and steel forming tools. In: Metallurgical Science and Technology, 14 (1996) 1, S. 3–11

[71] Bucci, M.: Analisi della difettologia su pressofusi in lega AlSi12Cu2Fe lavorati meccanicamente. Tesi di laurea, Università di Padova, 1998

[72] Persson, A.; Hogmark, S.; Bergstrom, J.: Failure modes in field-tested die casting dies. In: J. Material Processing Technology, 148 (2004), S. 108–118

[73] 20 Difetti 20 – Report interno SIMI, redatto in collaborazione tra l'ente tecnico e la qualità, 2005

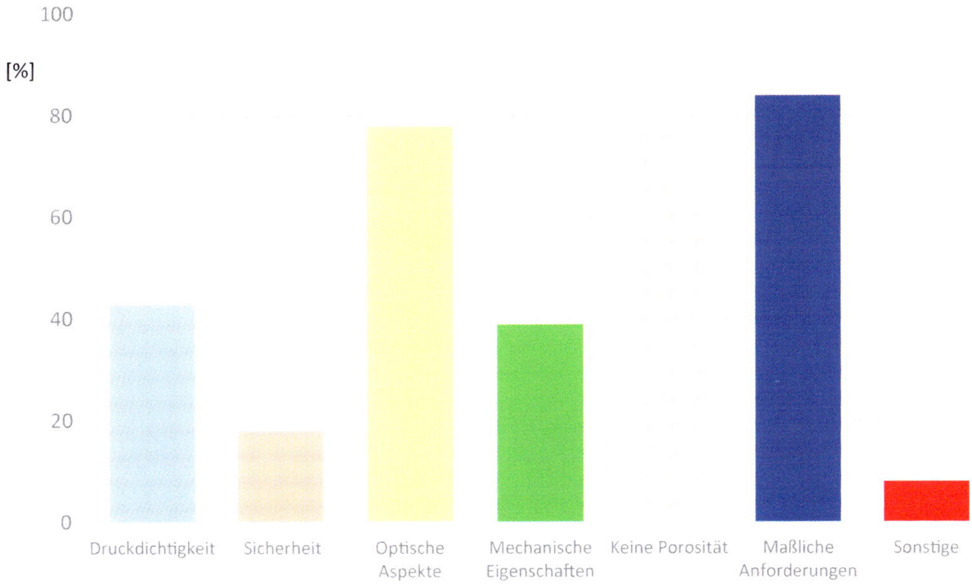

Bild 3.2: Kundenanforderungen für dünnwandige Druckgussteile (von 0,8 bis 3 mm)

- mechanische Eigenschaften,
- Abwesenheit von Porosität,
- Anforderungen an die Abmessungen,
- weitere.

c) Derzeit werden sechs Prüfmethoden der Qualitätskontrolle eingesetzt (**Bild 3.3**):

- Sichtkontrolle,
- Röntgenprüfung,
- Maßprüfung,
- Druckdichtigkeitskontrolle,
- Verwendung von flüssigen Eindringmitteln,
- zerstörende Prüfungen, die an 100 % der Druckgussteile oder durch Stichproben durchgeführt werden können.

Die Umfrage hat also deutlich gemacht, dass die Leistungsanforderungen der Anwender von Gussteilen immer höher und die akzeptierten Abweichungen immer geringer werden.

Um diesen Anforderungen gerecht zu werden, stützen sich alle befragten Gießereien auf ihre Erfahrung und ihr Know-how bei der Entwicklung und Prüfung ihrer Produkte und Verfahren.

Im Rahmen der Normen für die Lieferbedingungen von Aluminiumgussstücken (UNI 9348, UNI 10429, UNI EN 1559-1 und 1559-4) gibt es bereits eine Klassifizierung der Gussstücke selbst in Bezug auf den Schweregrad der vom Kunden geforderten Kontrollen. Diese Normen sind zweifelsohne allgemein gültig. Es ist jedoch notwendig, Regelungsinstrumente zu entwickeln, die in der Lage sind, eindeutig das vom Kunden geforderte Qualitätsniveau (je nach Art der herzustellenden Teile) und das von der Gießerei angebotene Qualitätsniveau zu definieren (**Bild 3.4**).

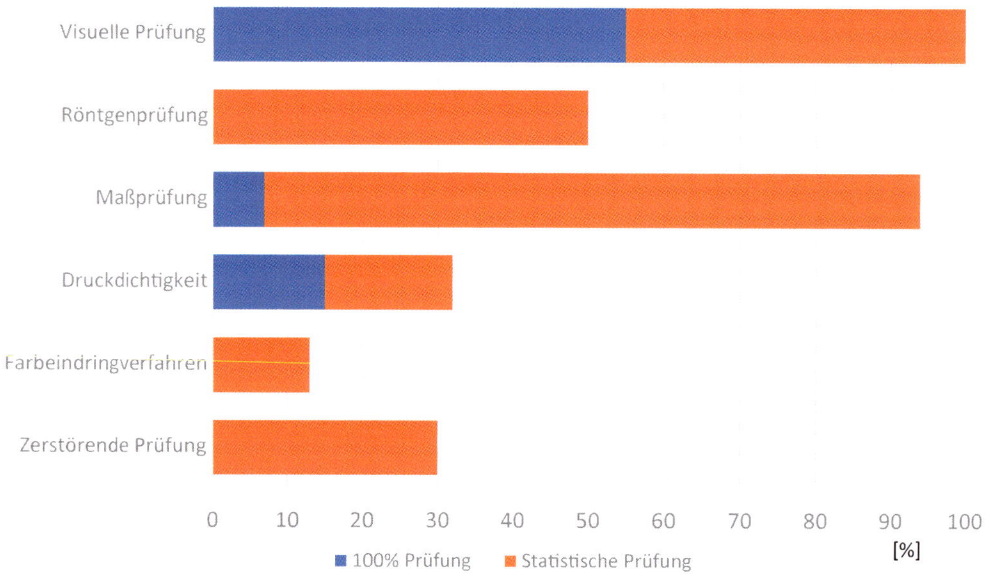

Bild 3.3: Prüfverfahren für dünnwandige Druckgussteile (von 0,8 bis 3 mm)

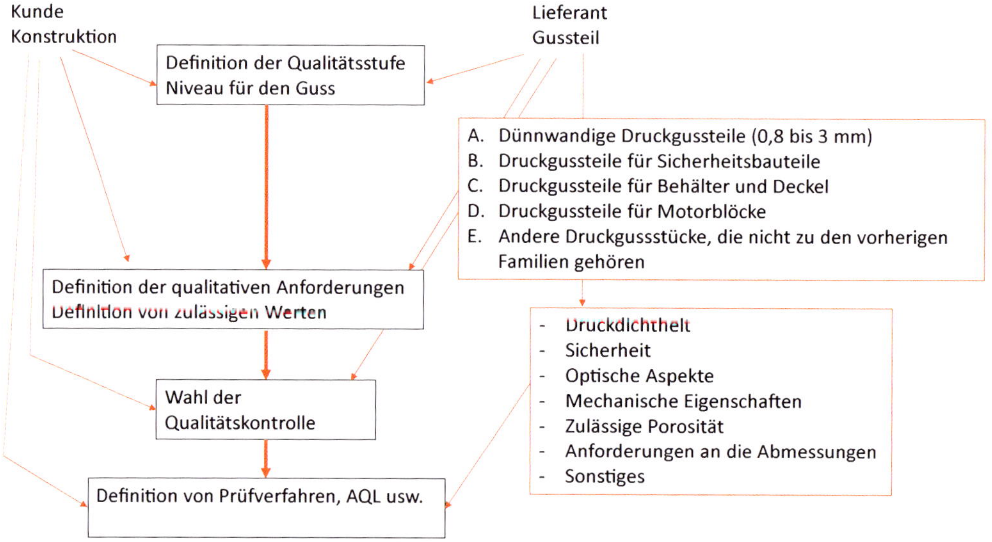

Bild 3.4: Vorschlag für einen Qualitätsstandard für Druckgussteile

Bei der Auftragserteilung sollten sich Gießerei und Kunde über eine Reihe von wesentlichen Aspekten einigen:

- die Qualitätsklasse des Gussstücks (die von seiner Funktion im Betrieb und den endgültigen Einsatzbedingungen abhängt),
- die Qualitätsanforderungen (d. h. die Merkmale, die als wesentlich für die korrekte Funktion des herzustellenden Bauteils angesehen werden),
- die zulässigen Werte für diese Anforderungen (die mit dem Stand der Technik vereinbar sein müssen),
- die Prüfmethoden und das annehmbare Qualitätsniveau (AQL), wobei zu berücksichtigen ist, dass es in der Realität keinen „Null-Ausschuss“ geben kann.

Im Grunde genommen sollten Auftraggeber und Lieferanten die Qualitätsanforderungen an die Gussteile sachkundiger und kritischer angehen, da sie wissen, dass das Auftreten von Streitigkeiten nur durch folgende Maßnahmen minimiert werden kann:

- enger Kontakt zwischen Lieferanten, Kunden und Konstrukteur bei der Planung des Gussteils, des Speisungssystems und der Abfolge der technologischen Vorgänge, denen das Gussteil unterzogen werden soll,
- die realistische und genaue Definition der Qualitätsanforderungen an das Gussstück je nach Anwendung und die Methoden zu ihrer Prüfung,
- die Kontrolle der Parameter des Produktionszyklus‘ durch die Gießerei, um die Beständigkeit der Produkteigenschaften zu gewährleisten.

4. Die Qualität von Druckgussteilen

4. Die Qualität von Druckgussteilen

Die Festlegung von Qualitätsanforderungen an Druckgussteile ist eng mit der Kenntnis von Art, Morphologie, Ursachen und Auswirkungen von Fehlern und Unvollkommenheiten sowie den zu ergreifenden Abhilfemaßnahmen verbunden (**Bild 4.1**).

Die relativ große Anzahl von Fehlern, die bei Gussstücken auftreten können, die in Metallformen gegossen oder mit anderen Gießverfahren hergestellt wurden, macht es erforderlich, sie nach bestimmten Kriterien zu klassifizieren. Selbst die Definition einer Terminologie, die ihre Identifizierung ermöglicht, kann nicht von ihrer Klassifizierung getrennt werden.

Die Klassifizierung von Fehlern wird in der Literatur grundsätzlich nach zwei verschiedenen Ansätzen vorgenommen [2–7]. Der erste Ansatz basiert auf der Lage/Geometrie der Fehler (s. Beispiel in **Bild 4.2**) [2]; der zweite Ansatz unterscheidet nach dem metallurgischen Ursprung oder der Ursache (Metallfluss, Form, Legierung, Prozessparameter usw.) (s. Beispiel in **Bild 4.3**) [3].

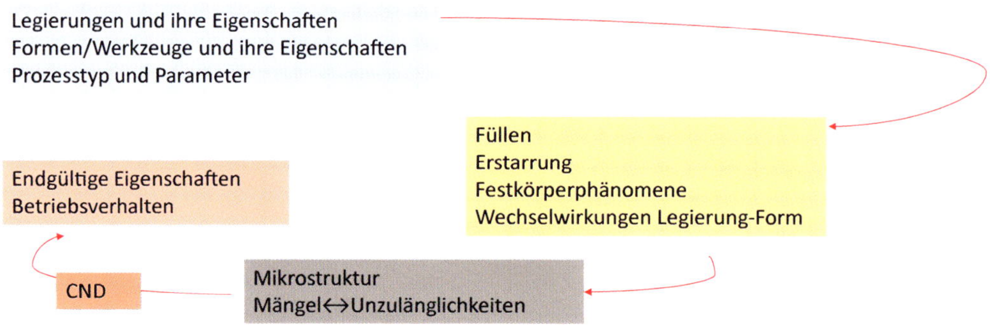

Bild 4.1: Die Bedeutung von Fehlern im Produktionszyklus von Druckgussteilen

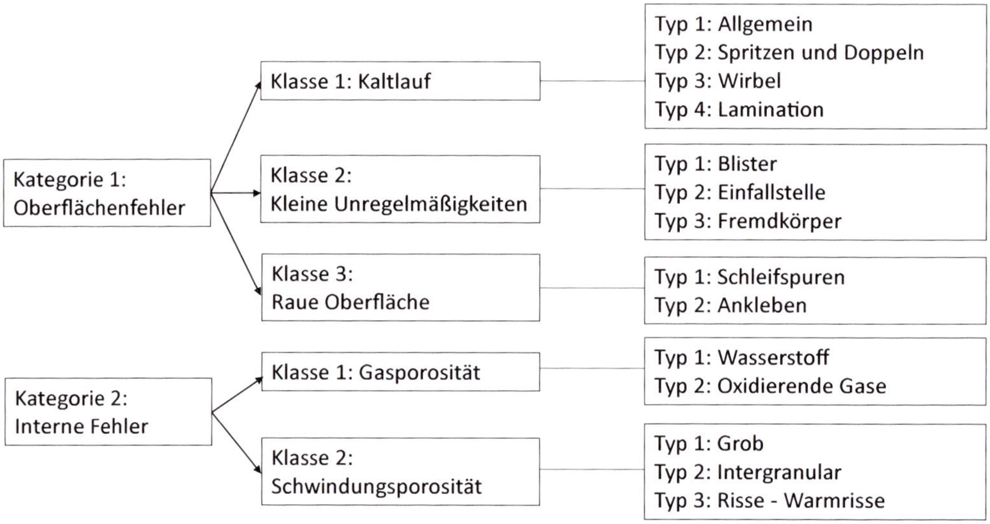

Bild 4.2: Klassifizierung von Fehlern in Druckgussteilen nach Cocks [2]

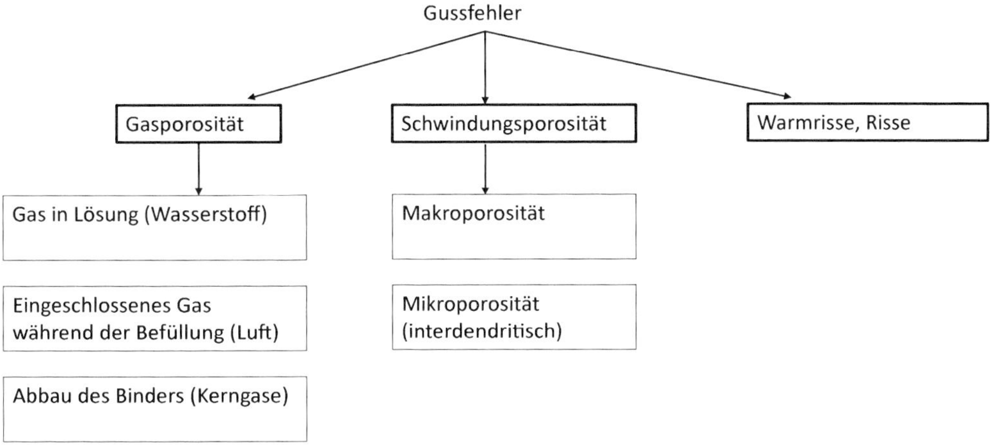

Bild 4.3: Klassifizierung von Gießereifehlern nach Campbell [3]

Der Hauptvorteil von Fehlerklassifizierungen auf der Grundlage ihres metallurgischen Ursprungs und ihrer Ursachen besteht darin, dass man die zu ergreifenden Korrekturstrategien nachvollziehen (und im zweiten Fall direkt festlegen) kann, d. h., die Änderungen versteht, die an Legierungen, Formen und Prozessparametern vorgenommen werden müssen, um die Produktqualität zu verbessern.

Der Nachteil dieser Klassifizierungen besteht darin, dass der Ursprung des Fehlers gleichzeitig mit seiner Identifizierung angegeben werden muss. Dies ist bei der zweiten Lösung (Klassifizierung nach Ursachen) besonders kritisch, auch im Hinblick auf die Tatsache, dass einige Fehler auf das Zusammentreffen mehrerer Faktoren zurückzuführen sind.

Dieser Ansatz ist in Gießereien auch weniger unmittelbar anwendbar als eine Klassifizierung, die zunächst den Ort und/oder die Geometrie berücksichtigt, für die spezifische Kontrollen zur

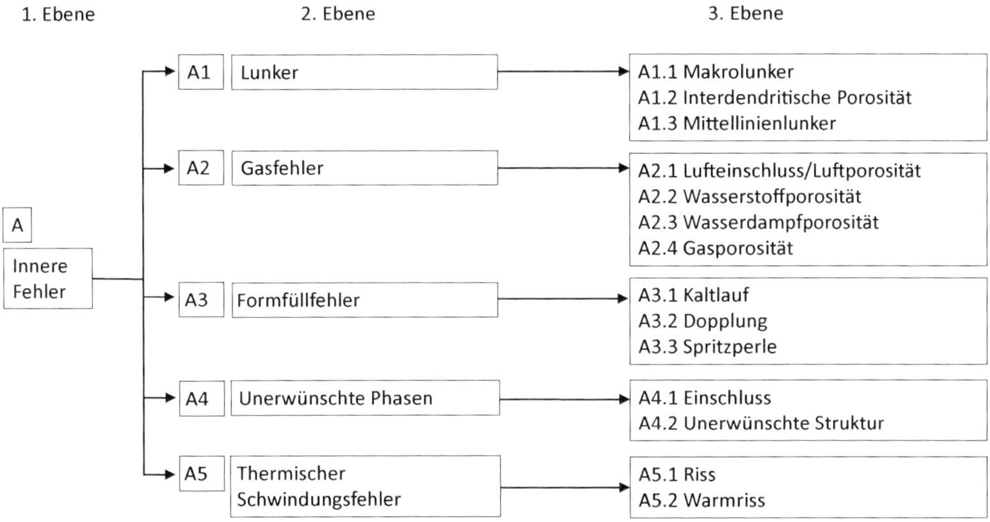

Bild 4.4: Klassifikation innerer Fehler

Bild 4.5: Klassifikation Oberflächenfehler

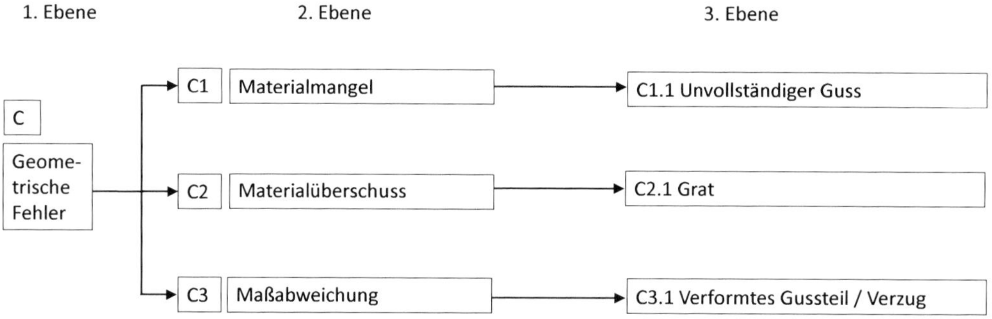

Bild 4.6: Klassifikation geometrischer Fehler

Erkennung verschiedener Gruppen von Fehlern (z. B. Oberflächen- oder innerer Fehler) definiert werden können.

Die Untersuchung einer Reihe von Klassifizierungen von Gussfehlern, von denen einige allgemeiner Natur sind und andere auf ein bestimmtes technologisches Verfahren oder eine bestimmte Werkstoffklasse abzielen, die in der Literatur vorgeschlagen oder in technischen Spezifikationen und in internen Spezifikationen, die derzeit von Gießereien verwendet werden, aufgeführt sind, war der erste Schritt zur Definition einer grundlegenden Klassifizierung von Fehlern, die bei Gussstücken aus Aluminiumlegierungen auftreten können.

Die in der vorgeschlagenen Klassifizierung enthaltenen Fehler sind gießereitechnischer Natur, d. h., sie stehen in direktem Zusammenhang mit dem Druckgießverfahren. Andere Fehler, die in direktem Zusammenhang mit den nachfolgenden Handhabungs-, Veredelungs- und Bearbeitungsvorgängen stehen und ebenfalls zur Ablehnung von Gussstücken führen können, wurden nicht berücksichtigt. Die vorgeschlagene Klassifizierung ist in **Bild 4.4**, **Bild 4.5** und **Bild 4.6** schematisch dargestellt.

Zur Fehlerzuordnung werden drei Ebenen vorgeschlagen:

I) Die erste Ebene basiert auf den Morphologie-/Positionsmerkmalen der Defekte im Verhältnis zu den möglichen Prüfungen, die sie hervorheben können, d. h., es gibt innere und Oberflächenfehler. Zu letzteren gehören Fehler unter der Oberfläche, die so nahe an der Oberfläche liegen, dass ihr Aussehen verändert ist und sie durch typische Oberflächenfehlerprüfungen identifiziert werden können.

II) Die zweite Ebene konzentriert sich im Wesentlichen auf den metallurgischen Ursprung der Fehler. Innerhalb der Kategorien der Innen- und Oberflächenfehler kann man in der Tat Fehler identifizieren, die mit dem Vorhandensein von Gas, der Schrumpfung des Materials während der Erstarrung, der behinderten Metallschrumpfung, der falschen Füllung der Form, der Wechselwirkung zwischen Metall und Form und dem Vorhandensein von unerwünschten Phasen zusammenhängen.

III) Auf der dritten Ebene werden die einzelnen in der Klassifizierung vorgeschlagenen Fehlerarten konkret benannt. Häufig gibt der speziell für den einzelnen Fehler gewählte Begriff den metallurgischen Ursprung, der in der vorherigen Stufe ermittelt wurde, besser wieder.

5. Das Handbuch der Fehler im Druckguss

5. Das Handbuch der Fehler im Druckguss

Die Klassifizierung von Fehlern, die für das Verständnis ihrer Entstehung und ihrer Eigenschaften nützlich ist, wird mit konkreten Beispielen und Referenzen belegt.

Das vorliegende Handbuch zeigt auf den folgenden Seiten für jeden der identifizierten Fehler die Kodierung des Fehlers (in Bezug auf die drei zuvor beschriebenen Ebenen), die allgemeine Definition des Fehlers, die wichtigsten morphologischen Aspekte und die Möglichkeiten der Vorhersage und Korrektur durch numerische Simulation. Hinzu kommen eine Reihe von makro- und mikrografischen Bildern des jeweiligen Fehlers, eine Reihe von Röntgenbildern der Fehler und, soweit möglich, die Visualisierung des Fehlers durch numerische Simulation.

Im Laufe der Jahre hat sich die numerische Simulation zu einem immer zuverlässigeren Instrument für die Feinabstimmung und Optimierung von Gießereiprozessen, einschließlich des Druckgusses, entwickelt. Es erschien daher unerlässlich, sie als Element zur Beschreibung, Visualisierung und Vorhersage einzubeziehen.

Von den verschiedenen industriell verfügbaren Prozesssimulationssoftwares wurde entschieden, in diesem Handbuch den MAGMASOFT®-Code zu verwenden. Die Kriterien, die zu berücksichtigen sind, um die Bereiche der Gussteile identifizieren zu können, in denen sich Fehler befinden könnten, beziehen sich ebenfalls auf diesen Berechnungscode. Bei der Verwendung anderer Simulationssoftware können ähnliche Kriterien berücksichtigt werden, sofern verfügbar.

Das Handbuch liegt nach der italienisch/englischen Originalausgabe in deutscher Übersetzung vor. **Bild 5.1** zeigt beispielhaft den prinzipiellen Aufbau des Buches. Es wird davon ausgegangen, dass die integrierte Nutzung der Klassifikation und des Handbuchs den Gießereien eine echte Unterstützung bei der kontinuierlichen Qualitätsverbesserung und dem Kundenbeziehungsmanagement bieten kann.

Die weitere Integration von metallurgischen Fehlerursprungsdetails und numerischer Simulation kann konkrete und effektive Anwendung in der Prozessoptimierung finden [8].

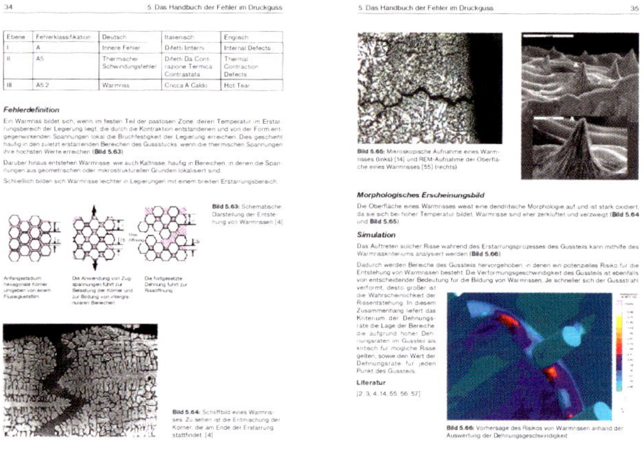

Bild 5.1: Beispiel für den Aufbau des Fehlerhandbuchs

Ebene	Fehlerklassifikation	Deutsch	Italienisch	Englisch
I	A	Innere Fehler	Difetti interni	Internal defects
II	A1	Lunker	Difetti da ritiro	Shrinkage defects
III	A1.1	Makrolunker	Macroritiro	Macroshrinkage

Fehlerdefinition

Ein Makrolunker ist ein relativ großer Schrumpfungshohlraum, der in einem Hotspot entstanden ist, d. h. in einem Bereich, der langsamer erstarrt als die umliegenden Bereiche. Aufgrund der starken Volumenverringerung, die beim Übergang des Metalls vom flüssigen zum festen Zustand eintritt, kann das flüssige Metall im Hotspot nicht in ausreichender Menge aus den umgebenden Bereichen nachfolgen.

Die Erstarrung dieser nicht gespeisten Bereiche schreitet von außen nach innen. Es kommt an einem bestimmten Punkt der Erstarrung aufgrund des Mangels an Flüssigmetall zu einem Hohlraum, der als Makrolunker bezeichnet wird. Auf der Oberfläche des Lunkers sind dendritische Strukturen zu erkennen.

Die Größe einer Makroschrumpfung hängt mit dem Volumen des ungeeignet gefüllten Bereichs zusammen. Makrolunker und interdendritische Porosität können als die extremen Bedingungen in einem Bereich mit allmählicher Veränderung der Größe und Morphologie der Defekte betrachtet werden. In mehreren Fällen treten Makrolunker mit einer umgebenden interdendritischen Porosität auf.

In solchen Situationen kann die Identifizierung von Schrumpfungsdefekten mehrdeutig sein. Das Auftreten eines Makrolunkers sowie seine Größe und das gleichzeitige Auftreten von interdendritischer Porosität sind abhängig von den Bedingungen der lokalen Flüssigmetallversorgung, die teilweise von den geometrischen Merkmalen des Gussteils, zum Teil von den Eigenschaften der verwendeten Legierung (z. B. Erstarrungsintervall) und teilweise von den Parametern des Druckgussverfahrens abhängen.

Morphologisches Erscheinungsbild

Die Oberfläche von Makrolunkern kann als rau und schwammig (im Gegensatz zur typisch glatten Oberfläche von Gashohlräumen) bezeichnet werden. Es ist offensichtlich, dass Dendriten, deren Wachstum aufgrund des Flüssigkeitsmangels gestoppt wurde, sich ausbilden (**Bild 5.2**).

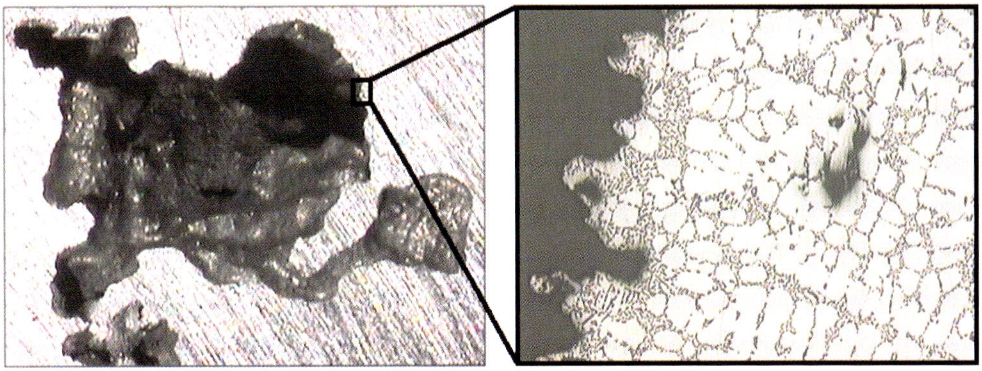

Bild 5.2: Makrogefüge der Makroschrumpfung (links) und entsprechende Mikrografie (rechts) [14]

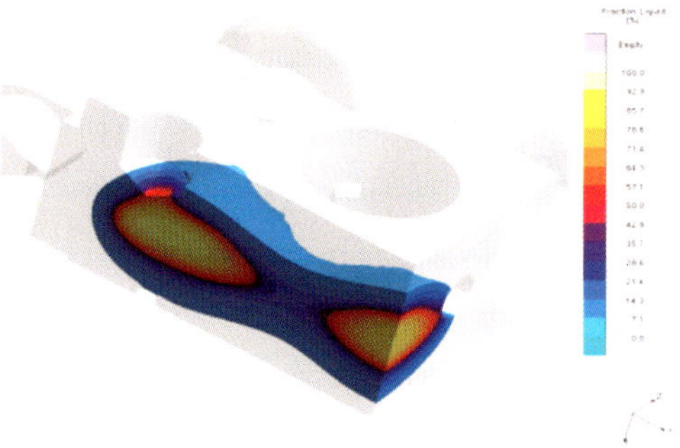

Bild 5.3: Makrolunker: Das Ergebnis, bezogen auf die Flüssigfraktion, wurde mit 94,32 % Erstarrung bewertet.

Bild 5.4: Makrolunker Hotspot-Kriterium

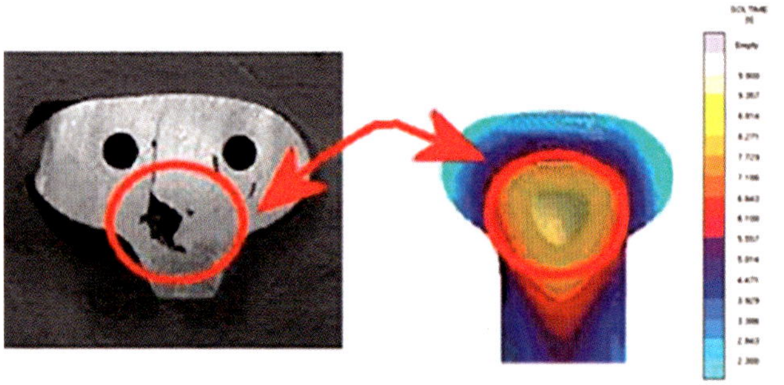

Bild 5.5: Vergleich zwischen den Analysen der numerischen Simulationsergebnisse und dem erzeugten Gussteil. Es kann eine Übereinstimmung zwischen dem Defekt und dem Simulationsergebnis festgestellt werden.

Wie bereits erwähnt, hängt die Größe eines Makrolunkers mit dem Volumen des Bereichs mit unzureichender Flüssigkeitszufuhr zusammen und kann in einigen Fällen mehrere mm groß sein.

Simulation

Da Makrolunker Erstarrungsfehler sind, werden die Simulationsparameter analysiert, die mit der Erstarrung zusammenhängen. Erste Kriterien dazu sind FracLiq (Flüssigfraktion) oder ergänzend FracSol (Festkörperfraktion), die die Bereiche mit Spuren von flüssiger Legierung als Funktion der verstrichenen Zeit anzeigen. Das Hotspot-Kriterium eignet sich für die schnellere Identifizierung von Hotspots, dem Ursprung der Makrolunkern, und zeigt automatisch kritische Bereiche aufgrund von Porosität. Die verwendete Farbskala zeigt den Zeitpunkt der Erstarrung durch Einfärben der verschiedenen Volumina in Abhängigkeit von der Zeit an, die für die Erstarrung benötigt wird (**Bild 5.3**, **Bild 5.4** und **Bild 5.5**).

Literatur

[2, 3, 4, 9, 10, 11, 12, 13, 14]

Ebene	Fehlerklassifikation	Deutsch	Italienisch	Englisch
I	A	Innere Fehler	Difetti interni	Internal defects
II	A1	Lunker	Difetti da ritiro	Shrinkage defects
III	A1.2	Interdendritische Porosität	Porosità interden-dritica	Interdendritic shrinkage

Fehlerdefinition

Die interdendritische Porosität besteht aus einer Reihe von Hohlräumen, die sich in den interdendritischen Bereichen befinden. Während der Erstarrung der Gussstücke befindet sich zwischen dem vollständig erstarrten Teil des Metalls und dem noch flüssigen Teil eine pastöse Zone, die durch tannenbaumförmigen Dendriten gebildet wird, in der die verbleibende Schmelze eingeschlossen ist.

Eine interdendritische Porosität bildet sich, wenn das flüssige Metall nicht in ausreichendem Maße in die interdendritischen Bereiche (d. h. zwischen zwei Dendriten) fließt, um die Schrumpfung des bereits erstarrten Metalls auszugleichen, sodass das Wachstum der Dendriten bis zur Erstarrung des Metalls fortgesetzt werden kann. Daher entstehen Hohlräume an den interdendritischen Bereichen (**Bild 5.6**).

Sowohl bei Aluminium als auch bei vielen anderen Legierungen lassen sich die interdendritischen Bereiche aufgrund des Vorhandenseins bestimmter Phasen oder Strukturen und/oder einer chemischen Zusammensetzung, die sich relativ stark von derjenigen im Kern der Dendriten unterscheidet, leicht erkennen.

Die Ausdehnung der teigigen Zone hängt sowohl von der Legierungszusammensetzung und den physikalischen Eigenschaften als auch von den örtlichen Abkühlungsbedingungen ab. Die Bildung

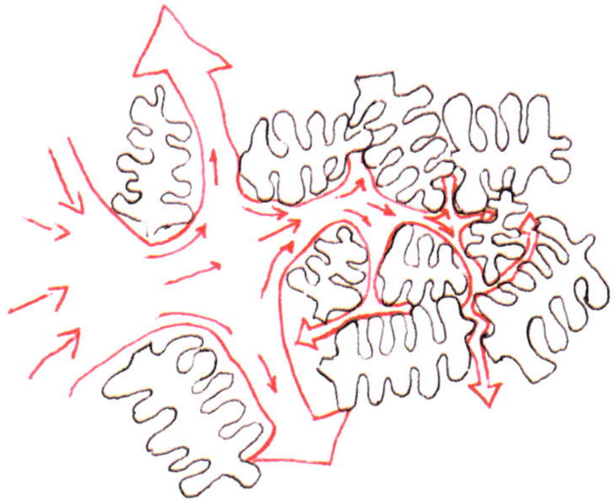

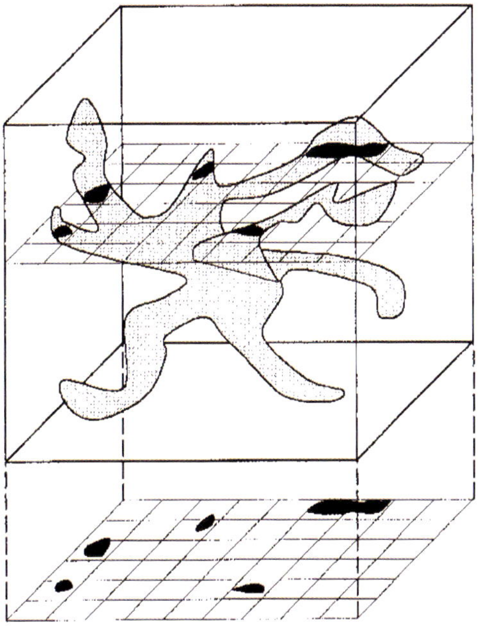

Bild 5.6: Schematische Darstellung: Metallfluss um Dendriten (links) und Vereinfachung durch die Bewertung der interdendritischen Porosität anhand von 2D-Betrachtungen (rechts) [14, 18]

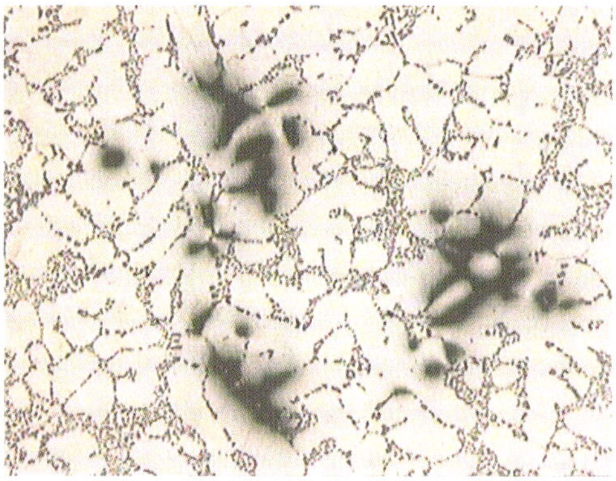

Bild 5.7: Schliffbilder eines Bereichs mit interdendritischer Porosität [14]

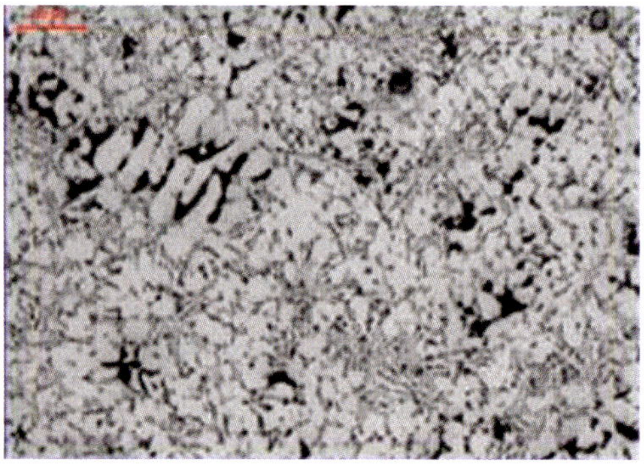

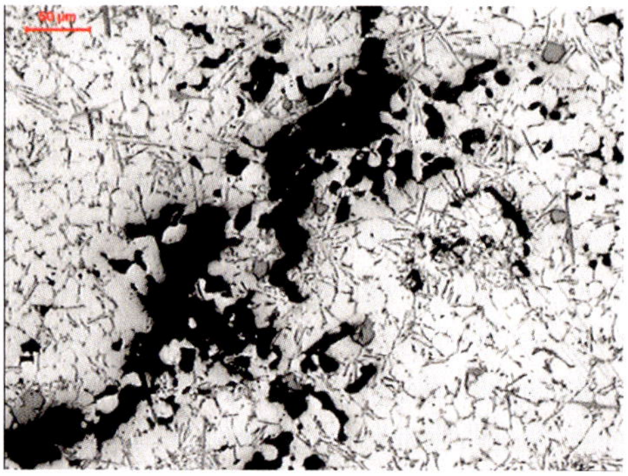

Bild 5.8: Schliffbilder eines Bereichs mit interdendritischer Porosität (links) und von ineinandergreifender Porosität (rechts), die zu Undichtigkeit im Gussteil führen kann

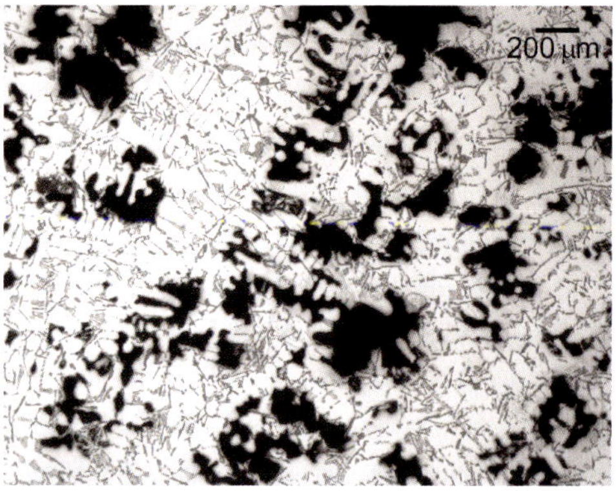

Bild 5.9: Mikroskopische Aufnahmen eines Bereichs mit interdendritischer Porosität

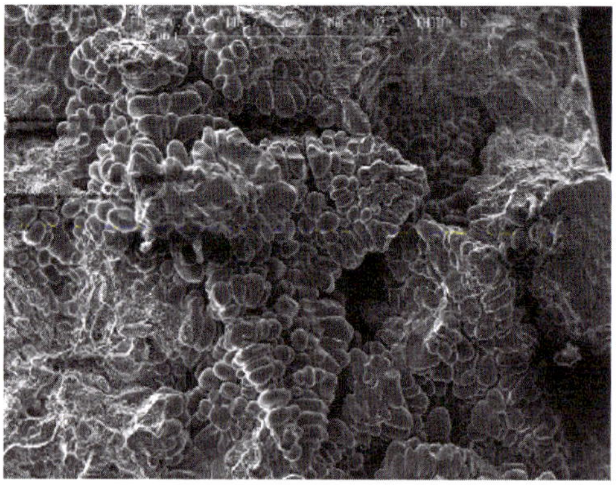

Bild 5.10: REM-Fraktographie von interdendritischer Porosität [25]

Bild 5.11: REM-Fraktographie der interdendritischen Porosität [14]

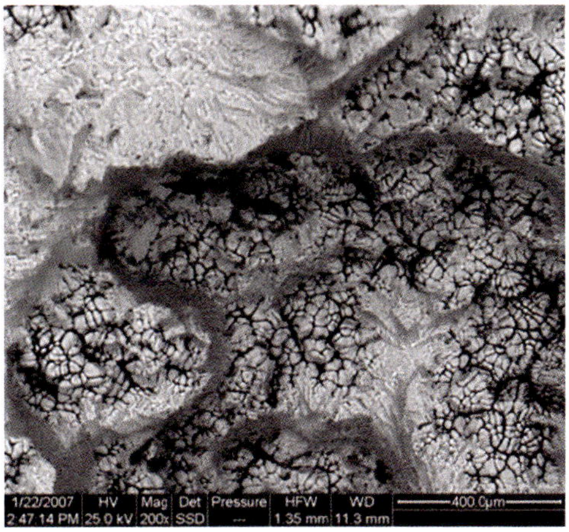

von interdendritischer Porosität wird durch eine breite teigige Zone begünstigt, wie dies bei einem breiten Erstarrungstemperaturbereich und geringeren Temperaturgradienten der Fall sein kann. Letztere können in den letzten Erstarrungsbereichen eines dickwandigen Gussteils auftreten.

Die daraus resultierenden kleinen Diskontinuitäten sind miteinander verbunden und können die Druckdichtigkeit beeinträchtigen. Interdendritische Porosität könnte ein bevorzugter Weg für den Gasfluss sein und sich somit nachteilig auf die Druckdichtigkeit auswirken. Sie könnte auch ein bevorzugter Weg für die Rissausbreitung sein.

Morphologisches Erscheinungsbild

Der Prozess, der die interdendritische Porosität entstehen lässt, beeinflusst ihre Form. Eine interdendritische Porosität ist durch ein Netz von relativ langen und schmalen dreidimensionalen Verzweigungen gekennzeichnet. Auf den metallografischen 2D-Schnitten erscheint sie als eine Reihe kleiner Hohlräume mit einer Trennungslänge, die dem lokalen Abstand der Dendritenarme entspricht (**Bild 5.7**, **Bild 5.8** und **Bild 5.9**). Die Merkmale der interdendritischen Porosität auf 2D-Bildern können dazu führen, dass die Hohlräume als separate Hohlräume und nicht als Teil einer größeren, miteinander verbundenen 3D-Diskontinuitätsstruktur betrachtet werden (**Bild 5.10** und **Bild 5.11**).

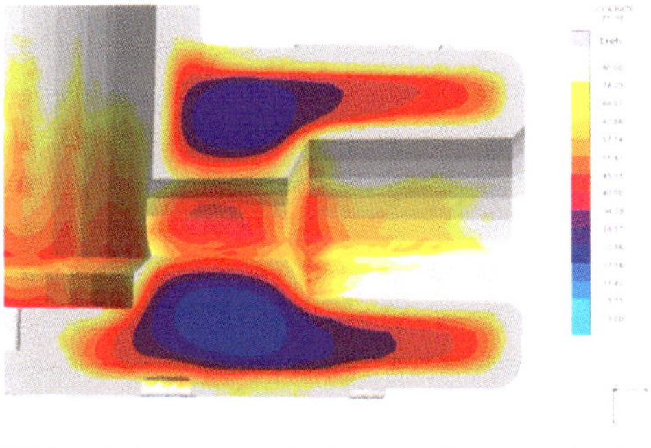

Bild 5.12: Interdendritische Schwindung; Ergebnis in Abhängigkeit von der Abkühlungsgeschwindigkeit

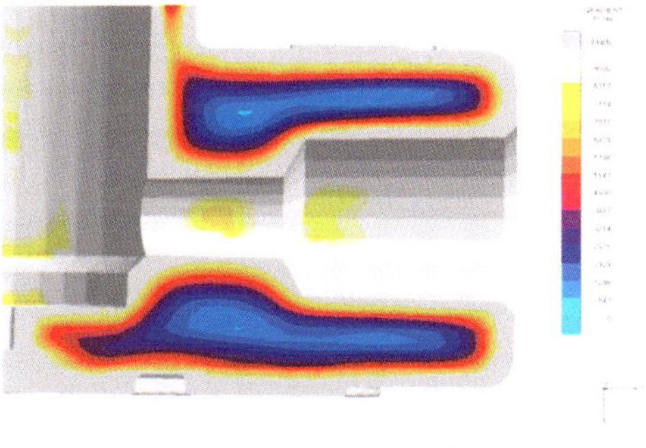

Bild 5.13: Interdendritische Schwindung; Ergebnis in Abhängigkeit vom thermischen Gradienten

Simulation

Ein wichtiger Parameter zur Bestimmung möglicher interdendritischer Porositäten ist das Gradientenkriterium. Es stellt den thermischen Gradienten für jeden untersuchten Punkt dar und ermöglicht es, Oberflächen oder neutrale thermische Achsen hervorzuheben, bei denen der thermische Gradient niedriger ist als bei allen benachbarten Punkten. Ein weiteres Kriterium ist die Kühlrate der Legierung (Abkühlungsgeschwindigkeit) während der Erstarrung. Wenn die Oberfläche eine hohe Abkühlungsgeschwindigkeit hat und der innere Bereich gleichzeitig sehr langsam abkühlt, steigt die Wahrscheinlichkeit von interdendritischer Porosität (**Bild 5.12** und **Bild 5.13**).

Die oben genannten Kriterien ermöglichen es, die Größe des Kristallkorns abzuschätzen, denn je höher die Abkühlgeschwindigkeit ist, desto geringer ist die Korngröße und umgekehrt.

Literatur

[2, 3, 4, 9, 10, 11, 12, 13, 14, 15, 16, 17, 18, 19, 20, 21, 22, 23, 24, 25]

Ebene	Fehlerklassifikation	Deutsch	Italienisch	Englisch
I	A	Innere Fehler	Difetti interni	Internal defects
II	A1	Lunker	Difetti da ritiro	Shrinkage defects
III	A1.3	Mittellinienlunker	Porosità planare	Layer porosity

Fehlerdefinition

Mittellinienlunker bestehen aus speziellen Schwindungshohlräumen, die sich entlang einer inneren mittleren Linie oder Fläche ausbilden. Typischerweise entspricht dies der neutralen thermischen Achse in dünnen Bereichen von Gussstücken, d. h. in Bereichen, in denen die Wanddicke viel kleiner ist als die beiden anderen Dimensionen (**Bild 5.14**).

In diesen Bereichen ist die Zufuhr von flüssigem Metall durch das Fortschreiten von zwei entgegengesetzten Erstarrungsfronten erschwert. Das flüssige Metall reicht an mehreren Stellen nicht mehr aus, sodass Lunker entstehen, die typischerweise von geringer Größe sind.

Die inneren Oberflächen, an denen sich die Schrumpfungshohlräume ausbilden, können lokal als Ebenen auftreten und werden daher auch als planare Porosität bezeichnet.

Morphologisches Erscheinungsbild

Mittellinienlunker bestehen aus mehreren kleinen Schwindungshohlräumen, die sich entlang einer mittleren inneren Linie, typischerweise in der thermisch neutralen Linie, bilden. Durch die besondere Art der Entstehung sind die einzelnen Hohlräume im Vergleich zu den Makrolunkern kleiner und meist mit dendritischen Strukturen auf ihrer inneren Oberfläche ausgebildet.

Simulation

Für das mögliche Auftreten eines Mittellinienlunkers (planare Porosität) ist der thermische Gradient ein wichtiger Parameter. Der thermische Gradient zeichnet sich für jeden Bereich aus und ermöglicht so die Hervorhebung der Flächen oder der neutralen thermischen Achsen im Vergleich zu den benachbarten Punkten mit unterschiedlichen thermischen Gradienten (**Bild 5.15**).

Ein zweites Kriterium ist die Abkühlungsrate (Abkühlungsgeschwindigkeit) der Legierung während der Erstarrung. Wenn die Oberfläche eine hohe Abkühlungsrate hat und gleichzeitig der Kern des Werkstücks sehr langsam abkühlt, ist das Auftreten von Mittellinienlunkern wahrscheinlich (**Bild 5.16**).

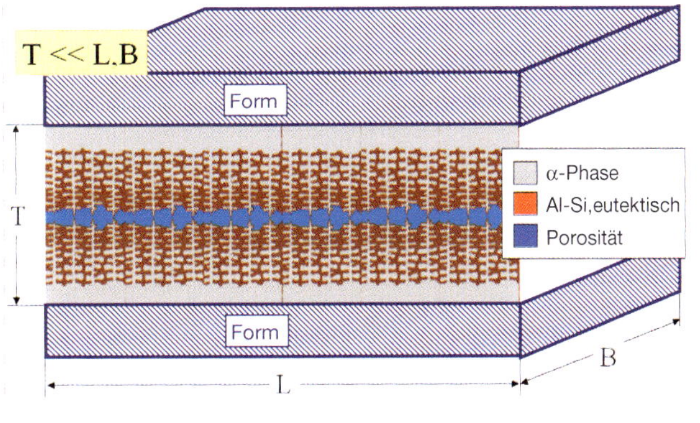

Bild 5.14: Beispiel für Mittellinienlunker (Schichtporosität)

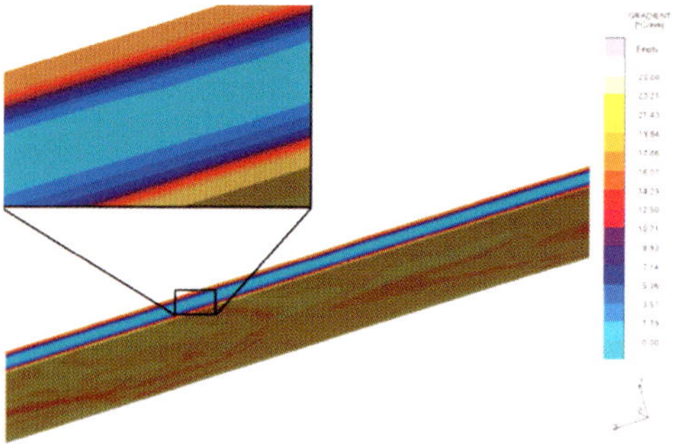

Bild 5.15: Mittellinienlunker; Ergebnis in Bezug auf den thermischen Gradienten (Bild mit freundlicher Genehmigung des Europäischen Projekts NADIA)

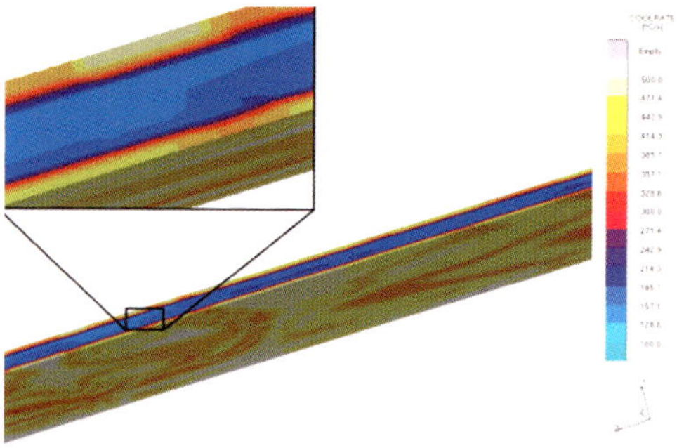

Bild 5.16: Mittellinienlunker; Ergebnis in Abhängigkeit von der Abkühlgeschwindigkeit. (Bild mit freundlicher Genehmigung des Europäischen Projekts NADIA)

Literatur

[3, 4, 13, 15]

Ebene	Fehlerklassifikation	Deutsch	Italienisch	Englisch
I	A	Innere Fehler	Difetti interni	Internal defects
II	A2	Gasfehler	Difetti da gas	Gas related defects
III	A2.1	Lufteinschluss/ Luftporosität	Porosità da aria intrappolata	Air entrapment porosity

Fehlerdefinition

Porosität durch Lufteinschlüsse ist in Druckgussteilen am häufigsten anzutreffen. Dies sind kleine Hohlräume, die durch Luftblasen im flüssigen Metall entstehen. Die Luft kann im flüssigen Metall in verschiedenen Stadien des Prozesses, angefangen von der Gießkammer bis zum Formhohlraum, eingeschlossen werden und dementsprechend an verschiedenen Stellen des Gussteils auftreten. Im Formhohlraum können Luftblasen eingeschlossen werden, wenn Luft nicht aus der Kavität evakuiert werden kann.

Die endgültigen Positionen der eingeschlossenen Luftblasen sind i. d. R. weit entfernt von ihrem Ursprungsort. Die endgültige Verteilung der Porosität durch eingeschlossene Luft im Gießstrahl hängt von den Laufwegen des flüssigen Metalls ab.

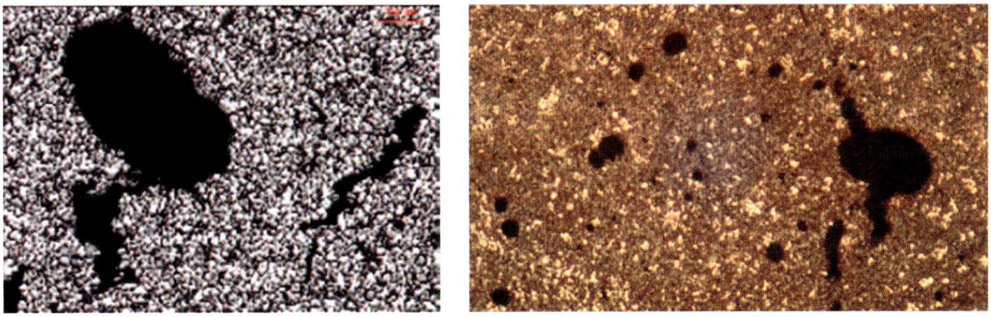

Bild 5.17: Mikroskopische Aufnahmen von Bereichen mit Lufteinschlüssen

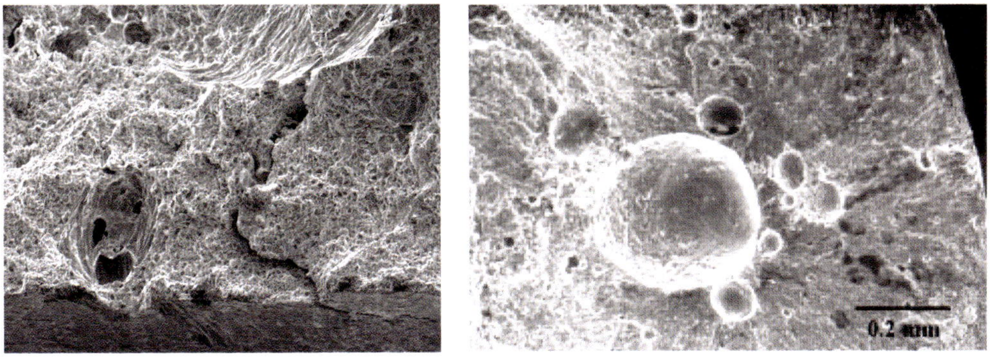

Bild 5.18: REM-Bilder der Porosität durch eingeschlossene Luft [28]

Morphologisches Erscheinungsbild

Lufteinschlüsse erscheinen als kugelförmige Hohlräume (manchmal leicht „abgeflacht“ zu Ellipsoiden), die durch eine relativ glatte Oberfläche gekennzeichnet sind. Aufgrund der Bildung eines dünnen Oxidfilms beim Kontakt zwischen dem flüssigen Metall und der Luft können sich leichte Anzeichen von Oxidation zeigen (**Bild 5.17** und **Bild 5.18**).

Die Porosität durch eingeschlossene Luft ist oft mit bloßem Auge sichtbar.

Simulation

Die Untersuchung der Entwicklung der Formfüllung ist von entscheidender Bedeutung, um zu beurteilen, wo, wie und wann der Porositätsfehler durch mitgerissene Luft entstanden ist.

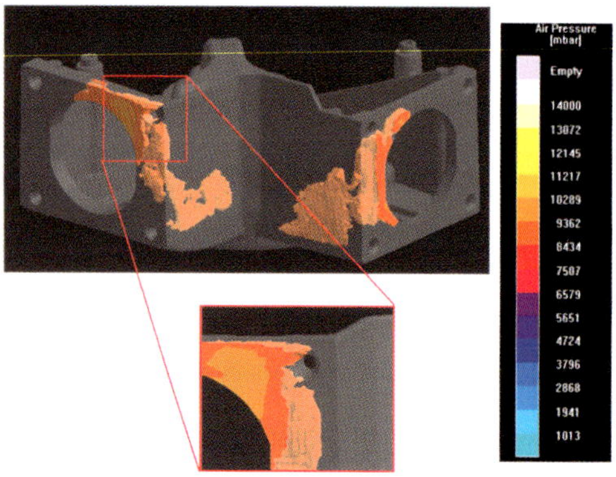

Bild 5.19: Eingeschlossene Luftporosität; Simulationsergebnisse bezogen auf den Luftdruck (AirPressure-Kriterium) [31] (Bild mit freundlicher Genehmigung der Magma GmbH)

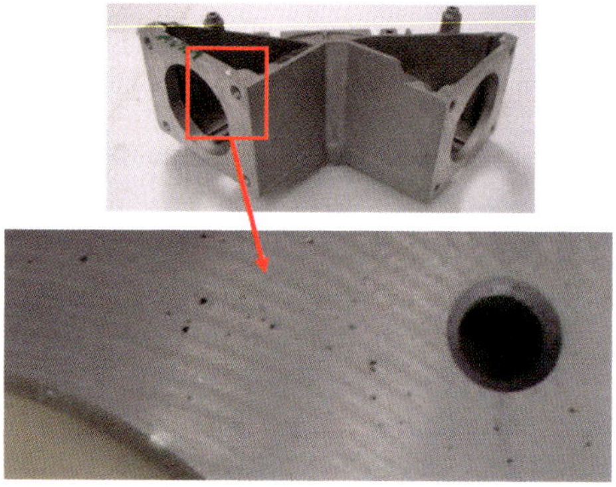

Bild 5.20: Bild eines Bauteils mit eingeschlossener Luftporosität und starke Vergrößerung des Bauteilausschnittes [31]

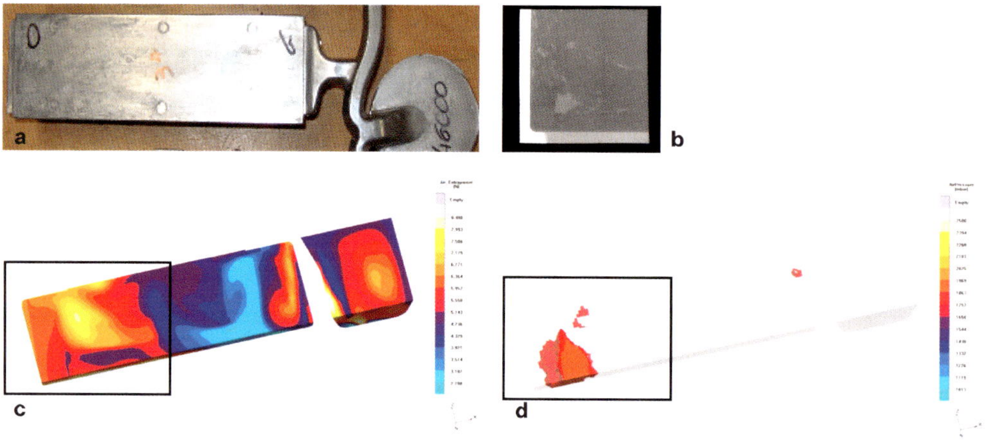

Bild 5.21: Referenzgussteil (a), Detail der Röntgenuntersuchung (b), Röntgenauswertung der eingeschlossenen Luftporosität (c) und des Luftdrucks (d) (Bild mit freundlicher Genehmigung des Europäischen Projekts NADIA)

Zur Beurteilung möglicher Phänomene, die die Integrität des Gussteils beeinträchtigen, kann die Funktion Fill Tracer verwendet werden, um die Bewegung der Legierung während des Füllens mithilfe von verschiedenfarbigen Tracern zu visualisieren. Eine kombinierte Betrachtung der Kriterien AirPressure (Luftdruck) und AirEntrapment (Lufteinschluss) ermöglicht es, diese Art von Defekten sehr genau zu beurteilen (**Bild 5.19**, **Bild 5.20** und **Bild 5.21**).

AirEntrapment (Lufteinschluss) ist ein Kriterium, das die Konzentration des eingeschlossenen Gases im flüssigen Metall während des Füllens ausdrückt, während AirPressure (Luftdruck) den Druck der in einer Blase eingeschlossenen Luft aufzeigt, die nun im Gussteil eingebettet ist (**Bild 5.22**, **Bild 5.23**, **Bild 5.24**, **Bild 5.25**, **Bild 5.26**, **Bild 5.27** und **Bild 5.28**).

Literatur

[2, 3, 4, 5, 14, 21, 22, 24, 26, 27, 28, 29, 30, 31, 32, 33, 34, 35, 36, 37]

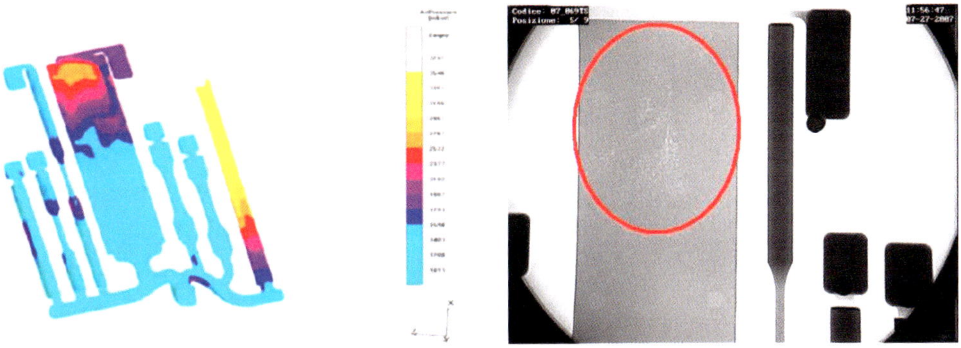

Bild 5.22: Korrespondenz zwischen dem Luftdruckkriterium und der Röntgenuntersuchung hinsichtlich der eingeschlossenen Luftporosität

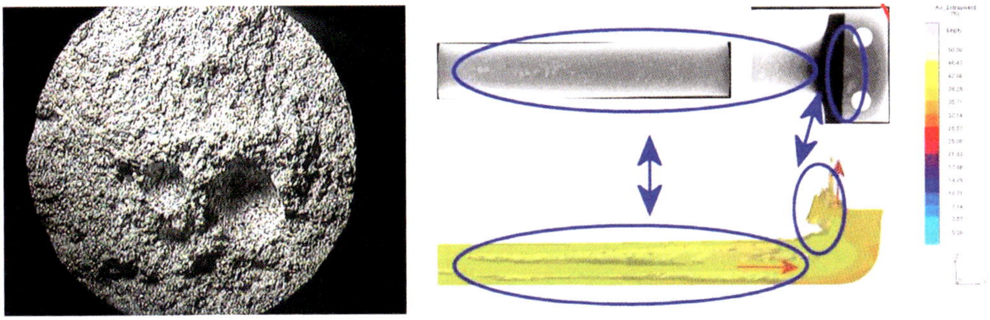

Bild 5.23: Fraktographie mit Anzeichen für eingeschlossene Luftporosität und zugehörige Bilder der Röntgenuntersuchung und Füllungssimulation

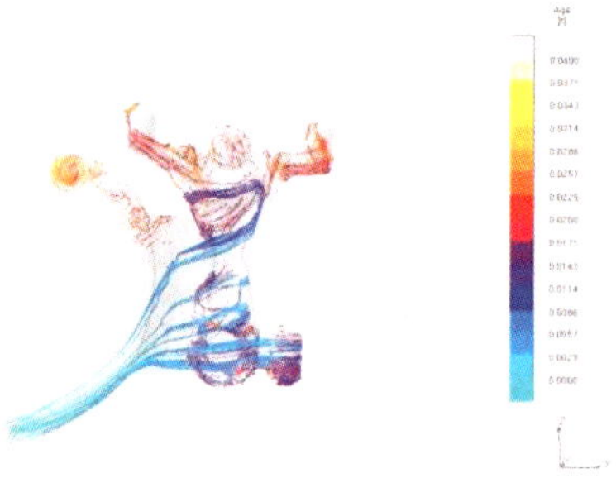

Bild 5.24: Eingeschlossene Luftporosität; Fill-Tracer-Kriterium (mit freundlicher Genehmigung von Fonderie A.B.O.R. SpA)

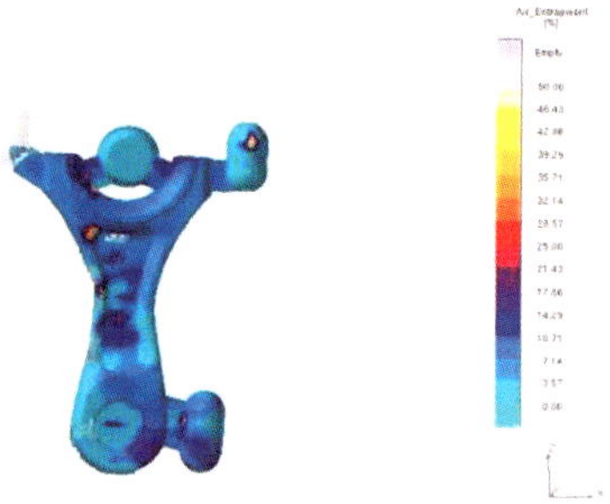

Bild 5.25: Eingeschlossene Luftporosität; prozentuales Kriterium (mit freundlicher Genehmigung der Fonderie A.B.O.R. SpA)

Bild 5.26: Eingeschlossene Luftporosität; Kriterium der Füllstandsmessung (mit freundlicher Genehmigung der Fonderie A.B.O.R. SpA)

Bild 5.27: Eingeschlossene Luftporosität; prozentuales Kriterium (mit freundlicher Genehmigung der Fonderie A.B.O.R. SpA)

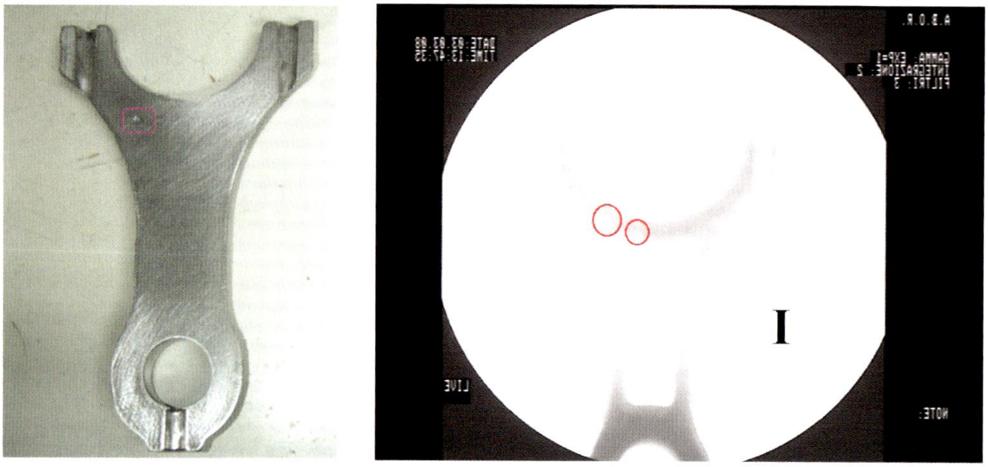

Bild 5.28: Schnitt des Gussstücks mit nachgewiesener eingeschlossener Luftporosität (links); entsprechende Röntgenaufnahme (rechts) (mit freundlicher Genehmigung der Fonderie A.B.O.R. SpA)

Ebene	Fehlerklassifikation	Deutsch	Italienisch	Englisch
I	A	Innere Fehler	Difetti interni	Internal defects
II	A2	Gasfehler	Difetti da gas	Gas related defects
III	A2.2	Wasserstoff-porosität	Porosità da idrogeno	Hydrogen porosity

Fehlerdefinition

Wenn ein Gas (i. d. R. Wasserstoff) im flüssigen Zustand im Metall gelöst ist, entstehen während der Erstarrung kleine geometrische Unstetigkeiten (Hohlräume). Im Falle von Wasserstoff kann Feuchtigkeit dazu führen, dass dieses Element im Aluminiumbad bei hoher Temperatur in einem monoatomaren Zustand vorliegt. Da die Löslichkeit des Wasserstoffs beim Übergang von der flüssigen in die feste Phase drastisch abnimmt, wird er von der festen Phase „abgestoßen" und konzentriert sich in der Nähe der Grenzfläche zwischen flüssiger und fester Phase, wo er sich in molekularer Form rekombiniert und „Blasen" entstehen lässt. Diese werden bald in die feste Phase eingebettet und bilden Defekte, die als Wasserstoffporosität bekannt sind.

Bild 5.29: Wasserstoffentwicklung während der Erstarrung einer Aluminiumlegierung [17]

Bild 5.30: Schematische Darstellung der Wasserstoffentwicklung während der Erstarrung [15, 41]

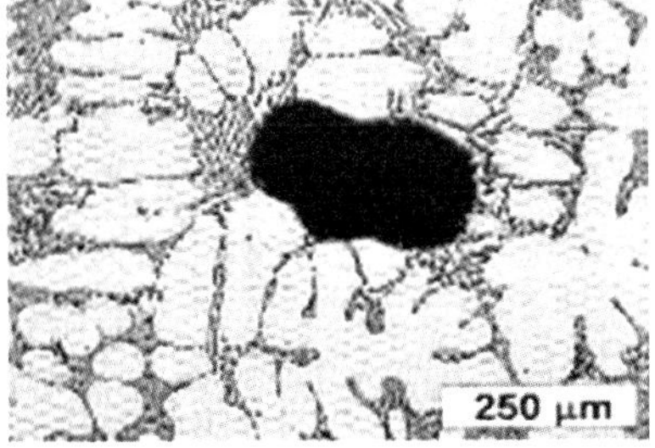

Bild 5.31: Mikroskopische Aufnahme einer Wasserstoffporosität [18]

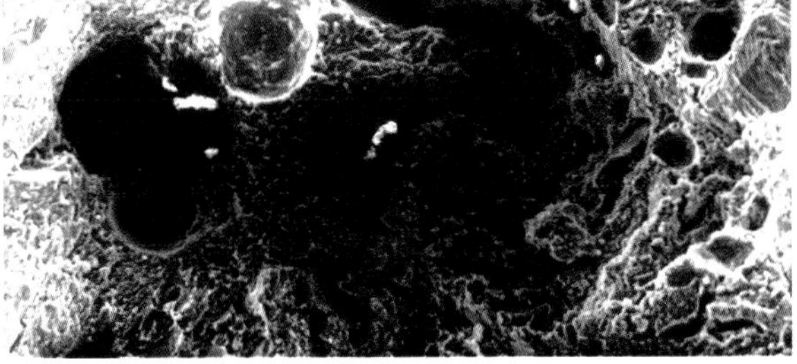

Bild 5.32: REM-Aufnahme einer Wasserstoffporosität [14]

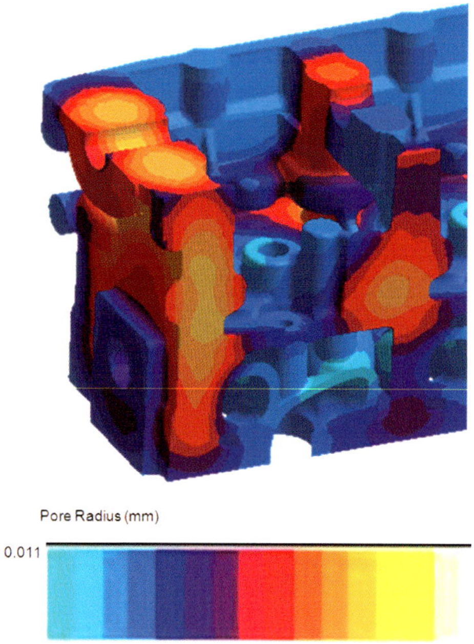

Bild 5.33: Simulation einer Wasserstoffporosität (Bild mit freundlicher Genehmigung des europäischen Projekts NADIA)

Morphologisches Erscheinungsbild

Wasserstoffporositäten sind kugelförmige Hohlräume mit einer glatten, nicht oxidierten Oberfläche. Sie sind klein (0,05 bis 0,5 mm im Durchmesser) und relativ gleichmäßig im Teil verteilt. In Druckgussstücken sind sie weitaus seltener als Lufteinschlüsse, mit denen sie aufgrund ihrer sehr ähnlichen Morphologie manchmal gleichgesetzt werden und die sich verbinden können (**Bild 5.29**, **Bild 5.30**, **Bild 5.31**, **Bild 5.32**).

Simulation

Die Wasserstoffporosität hängt natürlich von dem im Legierungsschmelzbad gelösten Wasserstoff ab, der während der Erstarrung der Legierung den Hohlraum bildet. Das Kriterium des Porenradius' zeigt Bereiche und Porengrößen mit hoher Wasserstoffkonzentration an (**Bild 5.33**).

Literatur

[3, 4, 14, 15, 18, 37, 38, 39, 40, 41, 42]

Ebene	Fehlerklassifikation	Deutsch	Italienisch	Englisch
I	A	Innere Fehler	Difetti interni	Internal defects
II	A2	Gasfehler	Difetti da gas	Gas related defects
III	A2.3	Wasserdampfporosität	Porosità da umidità residua	Vapour entrapment porosity

Fehlerdefinition

Restfeuchtigkeit in der Formoberfläche wird zu Dampf, wenn sie mit der Schmelze in Berührung kommt und in der Folge Blasen bildet, die vom flüssigen Metall mitgerissen werden (**Bild 5.34**).

Feuchtigkeit in einigen Bereichen der Formoberfläche resultiert aus einem übermäßigen, lokalen Auftreten von Trennmitteln auf Wasserbasis.

Morphologisches Erscheinungsbild

Restfeuchteporosität tritt in Form von etwa kugelförmigen Hohlräumen und glatten Oberflächen auf. Die Morphologie ist ähnlich der Porosität von Lufteinschlüssen.

Bild 5.34: Schematische Darstellung der Wasserdampfporosität

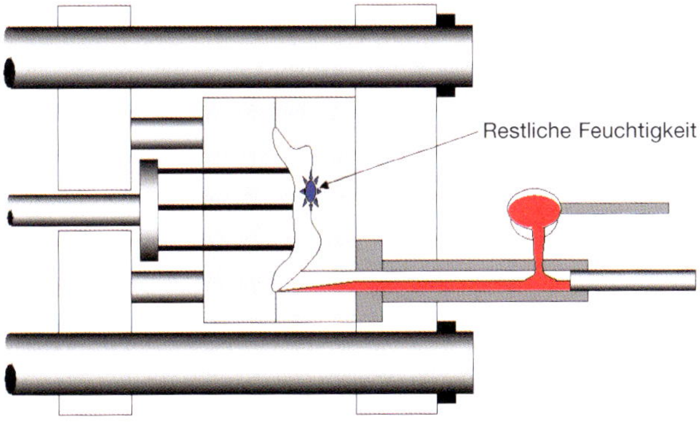

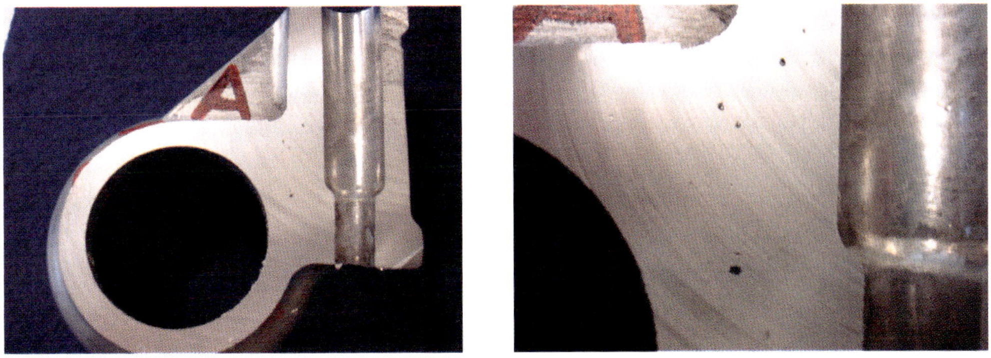

Bild 5.35: Wasserdampfporosität, verursacht durch einen Überschuss an Formschmiermittel im Formhohlraum

Die Bildung von Blasen im flüssigen Metall an Bereichen mit angesammelter Feuchtigkeit kann die Konzentration von Blasen in einem Gussteilbereich bestimmen. Porosität durch Restfeuchte kann sogar weit entfernt von der Oberfläche, je nach der Bewegung des flüssigen Metalls, wo der Defekt entstanden ist, auftreten (**Bild 5.35**).

Simulation

Restfeuchteporosität wird erzeugt durch Phänomene, die derzeit nicht im Rahmen von Prozesssimulationscodes beschrieben werden können.

Ebene	Fehlerklassifikation	Deutsch	Italienisch	Englisch
I	A	Innere Fehler	Difetti interni	Internal defects
II	A2	Gasfehler	Difetti da gas	Gas related defects
III	A2.4	Porosität durch Verbrennungsprodukte	Porosità da lubrificante	Lubricant entrapment porosity

Fehlerdefinition

Schmierstoffporosität entsteht durch Reaktionsprodukte des Schmierstoffs in Kontakt mit dem flüssigen Metall und zeigt sich mit Gasblasen (**Bild 5.36**). Dieses Phänomen führt zum Defekt, wenn eine übermäßige Menge an Schmiermittel auf der Form und/oder dem Kolben/Behälter mit dem Flüssigmetall in Berührung kommt (**Bild 5.37**).

Morphologisches Erscheinungsbild

Wie andere gasbedingte Defekte ist auch die Schmierstoffporosität durch kleine, annähernd kugelförmige Hohlräume gekennzeichnet. Auch in diesem Fall ist die Oberfläche der Hohlräume glatt, aber dunkler als bei anderen gasbedingten Fehlern, da sich Verbrennungsprodukte darauf befinden. Der Einschluss von Schmiermittel lässt sich auch an einem typischen Geruch erkennen,

Bild 5.36: Schematische Darstellung der Porosität des Schmierstoffeinschlusses

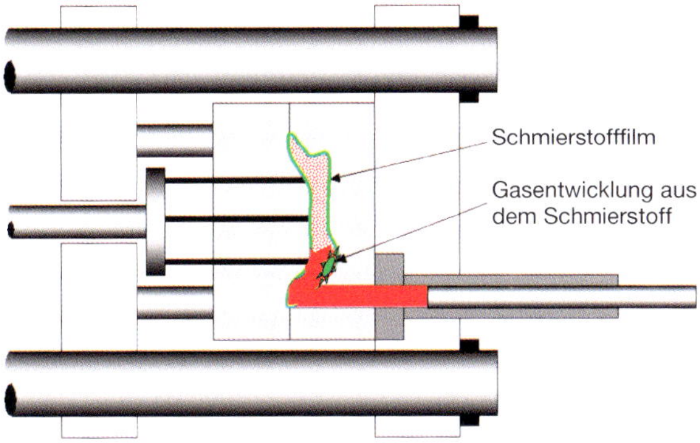

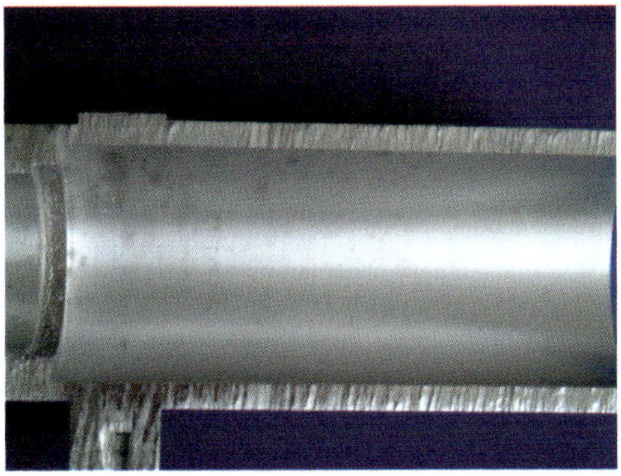

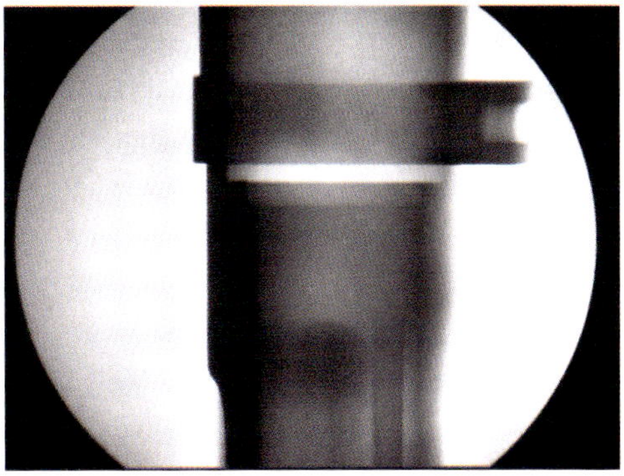

Bild 5.37: Porosität durch Kolbenschmierstoff im Inneren der Gießkammer

wenn solche Hohlräume an die Oberfläche gelangen, z. B. infolge von Bearbeitungsvorgängen, Rissbildung oder einer metallografischen Präparation des Gusserzeugnisses.

Numerische Simulation

Die Porosität des Schmierstoffs wird durch Phänomene erzeugt, die derzeit im Rahmen von Prozesssimulationscodes nicht beschreibbar sind.

Ebene	Fehlerklassifikation	Deutsch	Italienisch	Englisch
I	A	Innere Fehler	Difetti interni	Internal defects
II	A3	Formfüllfehler	Difetti di riempimento	Filling related defects
III	A3.1	Kaltschweißstelle	Giunzione	Joint

Fehlerdefinition

Eine Kaltschweißstelle entsteht, wenn ein relativ kalter flüssiger Metallfluss, der zumindest teilweise erstarrt und in einigen Fällen von einem Oxidfilm bedeckt ist, auf eine andere wärmere Metallader trifft, die um ihn herumfließen kann.

Im Gussteil wird das Vorhandensein verschiedener Ströme durch das Vorhandensein der Gefügeunterschieden (z. B. kann das feinste Gefüge im am schnellsten abgekühlten Strom beobachtet werden) oder durch einen dünnen Oxidfilm hervorgehoben.

In der vorliegenden Klassifizierung wird der Begriff „Trennung“ auch für Defekte verwendet, die in anderen Klassifikationen gesondert ausgewiesen sind (z. B. könnten sie in einigen Fällen als „Adern“ bezeichnet werden).

In der Tat kann das Erscheinungsbild dieser Defekte je nach den Bedingungen der Metallströme zum Zeitpunkt ihres Zusammentreffens und von ihrer Lage im Formhohlraum abhängen. Der metallurgische Ursprung ist der gleiche.

Morphologie

Eine Kaltschweißstelle besteht typischerweise aus einer metallurgischen Trennung (entweder mikrostrukturell und/oder metallisch) und nicht aus einer geometrischen Diskontinuität (wie z. B. einem Hohlraum oder einem Riss). Die unterschiedlichen Erstarrungswege, denen die konvergierenden Ströme folgen, führen zu unterschiedlichen dendritischen Strukturen oder zum Vorhandensein unterschiedlicher Phasen, d. h. zu einer metallurgischen Unstetigkeit (**Bild 5.38**).

Die auftretenden Oxidschichten, die die konvergierende Schmelzfronten bedecken, können einen Fehler verursachen, der hier als Kaltschweißstelle klassifiziert wird.

Die metallurgischen Trennungen können zu Nachteilen bei der Endbearbeitung des Gussteiles oder während seines Betriebs führen. Die Trennungen können sich entlang der Fließlinien bilden, wenn relativ geringe Zugspannungen oder auch Scherspannungen parallel einwirken.

Die Trennungen können daher im Ergebnis der Gussbearbeitung sichtbar werden.

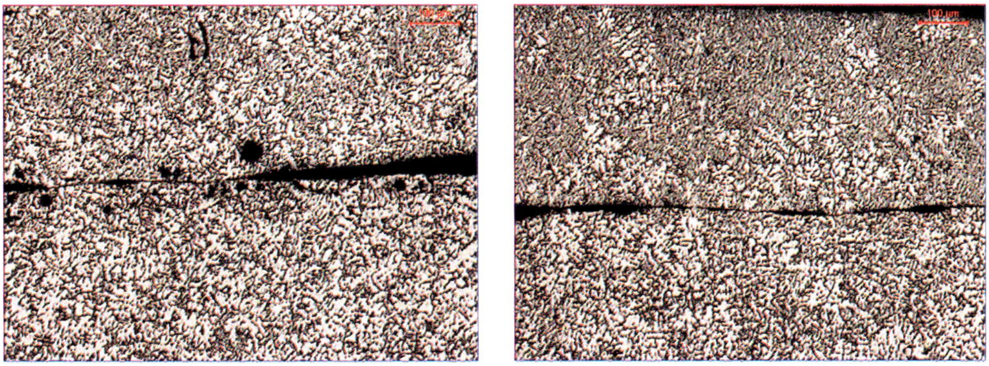

Bild 5.38: Beispiele für Kaltschweißstellen

Bild 5.39: Entstehung einer Kaltschweißstelle, visualisiert mithilfe der Füllsimulation (93 %) (Bild mit freundlicher Genehmigung der Magma GmbH)

Bild 5.40: Entstehung einer Kaltschweißstelle, visualisiert mithilfe der Füllsimulation (94 %) (Bild mit freundlicher Genehmigung der Magma GmbH)

Numerische Simulation

Das Kriterium FillTemp (Fülltemperatur) zeigt die Temperatur der Legierung an jedem Punkt während der Füllphase an. Eine detaillierte Analyse der Fließfront der Legierung ermöglicht die Visualisierung der Kaltschweißstelle und ihre Lage (**Bilder 5.39** und **5.40**).

Literatur

[2, 4, 14, 24, 26, 28, 29, 30, 31, 33, 34, 35, 37, 43, 44, 45, 46, 47, 48, 49]

Ebene	Fehlerklassifikation	Deutsch	Italienisch	Englisch
I	A	Innere Fehler	Difetti interni	Internal defects
II	A3	Formfüllfehler	Difetti di riempimento	Filling related defects
III	A3.2	Dopplung	Sfogliatura	Lamination

Fehlerdefinition

Eine Dopplung ist ein typischer Oberflächenfehler, der durch visuelle Kontrolle des Gussstücks erkannt werden kann, jedoch manchmal auch als ein innerer Fehler angesehen wird (s. Fehlerklassifikation B3.2)

Morphologisches Erscheinungsbild

Die Dopplung (**Bild 5.41**) nimmt das typische Aussehen einer dünnen metallischen Schicht (Haut) mit einer Mikrostruktur, die sich von der darunter liegenden Schicht unterscheidet und zum größ-

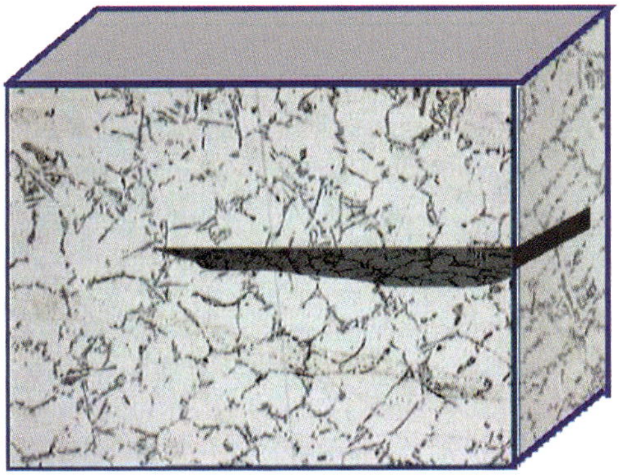

Bild 5.41: Schematische Darstellung einer Dopplung

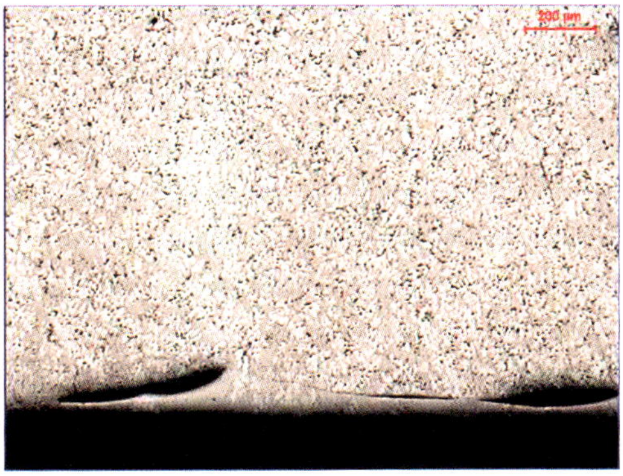

Bild 5.42: Mikroskopische Aufnahme einer Dopplung: Es ist eine Oxidschicht zu erkennen, die beide Bereiche trennt.

Bild 5.43: Dopplungsentstehung (Füllsimulation, 82 %) (Bild mit freundlicher Genehmigung der Magma GmbH)

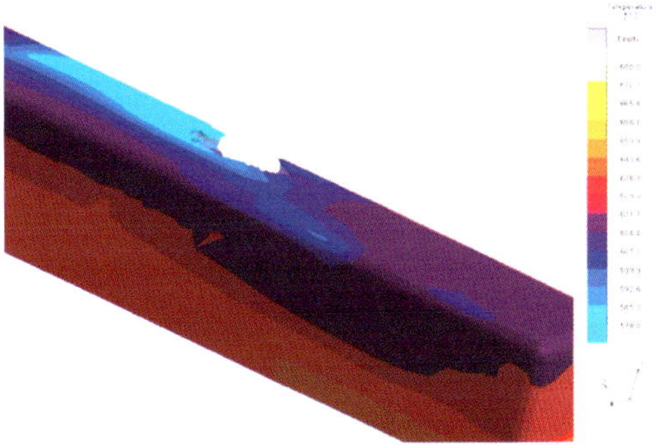

Bild 5.44: Dopplungsentstehung (Füllsimulation, 94 %) (Bild mit freundlicher Genehmigung der Magma GmbH)

ten Teil durch eine Oxidschicht von ihr getrennt ist, an. Die Trennschicht zeigt eine unvollkommene Verbindung zum inneren Metall (**Bild 5.42**).

Simulation

Die Dopplung wird, wie bei Kaltschweißstellen, durch die Untersuchung der Füllsequenz mit dem FillTemp (Fülltemperatur), der Temperatur an der Fließfront, vorherbestimmt (**Bild 5.43** und **Bild 5.44**).

Die Flächengeschwindigkeiten neigen zu einer abrupten Verringerung, wenn eine dünne Metallfolie an der Formoberfläche haftet und an der Formoberfläche abkühlt. Daher ist das Kriterium FillVel auch bei der Erkennung von Dopplungen aussagekräftig.

Literatur

[2, 4, 14, 24, 28, 29, 30, 31, 33, 34, 35, 37, 43, 44, 45, 46, 47, 49]

Ebene	Fehlerklassifikation	Deutsch	Italienisch	Englisch
I	A	Innere Fehler	Difetti interni	Internal defects
II	A3	Formfüllfehler	Difetti di riempimento	Filling related defects
III	A3.3	Spritzkugel	Goccia fredda	Cold shot

Fehlerdefinition

Eine Spritzkugel bildet sich, wenn eine kleine Menge des flüssigen Metalls (Tropfen, Perle) mit der Form in Kontakt kommt und schnell abkühlt (**Bild 5.45**). Die schnelle Erstarrung führt zu einem sehr feinen Gefüge. Obwohl es an der Oberfläche der Form entsteht (wie in der Fehlerklassifizierung des Fehlers B3.3), kann die Spritzkugel innerhalb des Gussstücks sein, wenn sie vom weiteren Metallfluss erfasst wird und der sie umschlingt (möglicherweise teilweise auch wieder aufschmilzt) und sie auch an eine andere Stelle verschiebt.

Morphologisches Erscheinungsbild

Die Spritzkugel (Spritzperle, kalter Tropfen) ist eine kleine Portion Metall, dessen chemische Zusammensetzung der des Gussstücks entspricht und kugelförmig oder ellipsenförmig ist. Sie

Bild 5.45: Schematische Darstellung der Entstehung der Spritzkugel

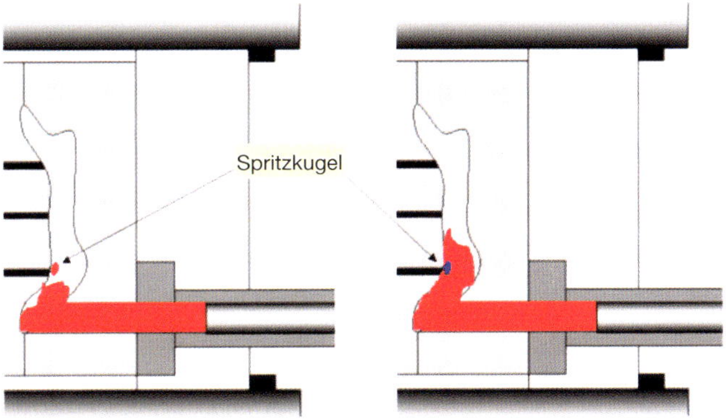

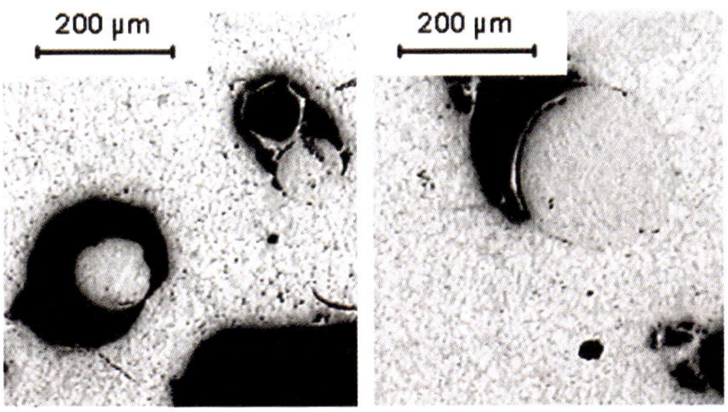

Bild 5.46: Mikroskopische Aufnahmen zeigen Spritzkugeln in Verbindung mit eingeschlossener Luft (Porosität)

Bild 5.47: Bruchfläche einer Probe: Spritzkugel mit eingeschlossener Luft (Porosität)

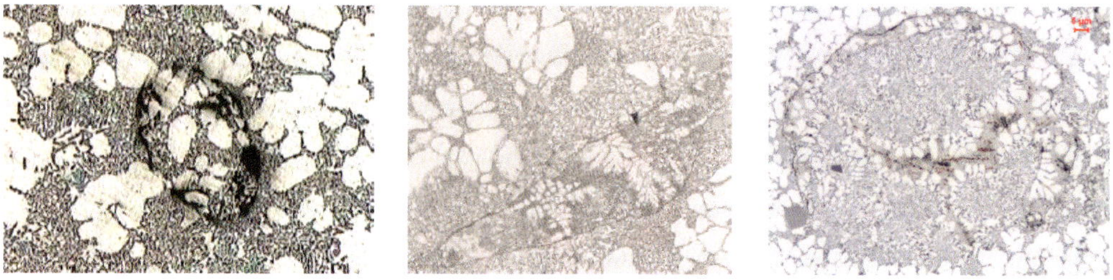

Bild 5.48: Schliffbilder von Spritzkugeln: Die feinere Struktur der Spritzkugeln im Vergleich zur umgebenden Legierung ist zu erkennen. [11, 14]

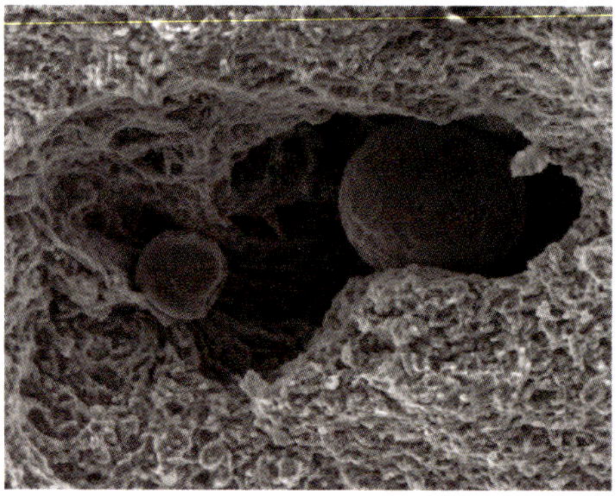

Bild 5.49: REM-Bild einer Porosität mit zwei Spritzkugeln [34]

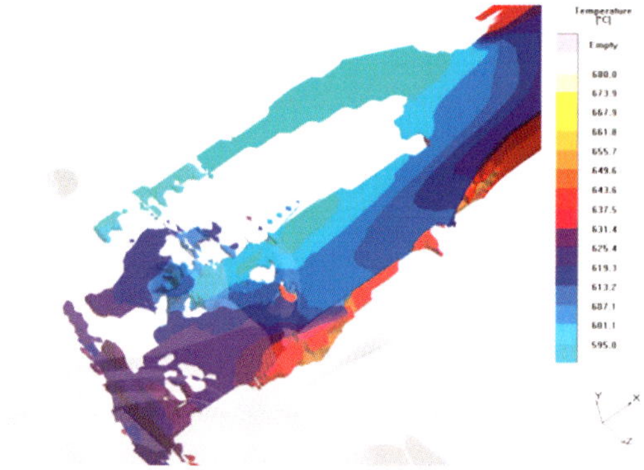

Bild 5.50: Bildung einer Spritzkugel (Simulation der Füllung, 38 %)

zeichnet sich durch ein Mikrogefüge aus, welches viel feiner als das in der umgebenden Region ist, von der sie auch durch eine dünne Oxidschicht getrennt sein kann (**Bild 5.46**, **Bild 5.47**, **Bild 5.48** und **Bild 5.49**).

Das Vorhandensein einer Spritzkugel stellt daher eine mikrostrukturelle, metallische Diskontinuität zur Umgebung dar.

Simulation

Die Untersuchung der Fülltemperatur (FillTemp) ermöglicht es, festzustellen, ob und wann der Legierungsfluss turbulent ist und eine Front durch eine beträchtliche Präsenz von Tröpfchen (Spritzeffekt, **Bild 5.50**) gebildet wird, die eine Temperatur unterhalb der Liquidustemperatur erreichen und sich der Solidustemperatur nähern oder diese unterschreiten können.

Literatur

[2, 4, 14, 24, 28, 29, 30, 31, 33, 34, 35, 37, 43, 44, 45, 46, 47, 49]

Ebene	Fehlerklassifikation	Deutsch	Italienisch	Englisch
I	A	Innere Fehler	Difetti interni	Internal defects
II	A4	Unerwünschte Phasen	Fasi indeside-rate	Undesired phases
III	A4.1	Einschluss	Inclusione	Inclusion

Fehlerdefinition

Einschlüsse, typischerweise nichtmetallische Phasen, umfassen Oxide und Schlacken, entweder in Form von kleinen Partikeln oder dünnen Filmen.

In Aluminiumlegierungen sind die häufigsten Einschlüsse Aluminiumoxide (Al_2O_3, Tonerde). Wenn das flüssige Metall mit der Atmosphäre in Kontakt kommt, bildet sich leicht das Aluminiumoxid aus.

Besteht der Einschluss aus Aluminiumoxid, so tritt er bei normalen Gießtemperaturen im Allgemeinen in einer allotropen γ-Form auf, die weniger dicht und weniger hart ist. Im Metallbad wandert das Aluminiumoxid an die Oberfläche und bildet eine Haut (**Bild 5.51**).

Bild 5.51: Schematische Darstellung eines Oxidfilm-Einschlusses [4]

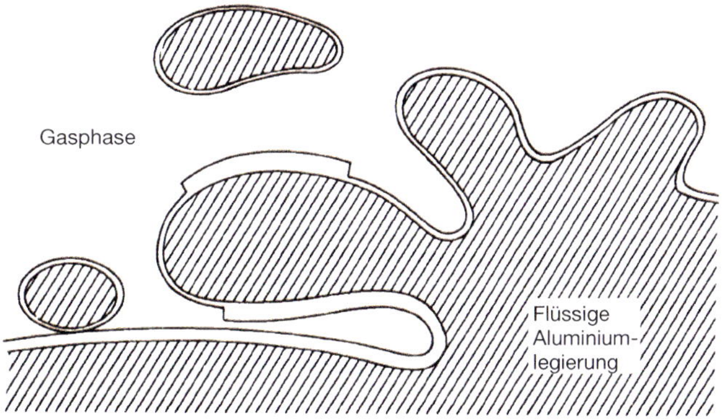

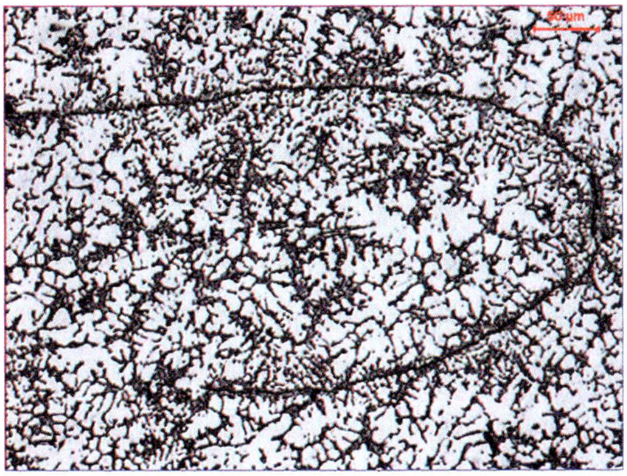

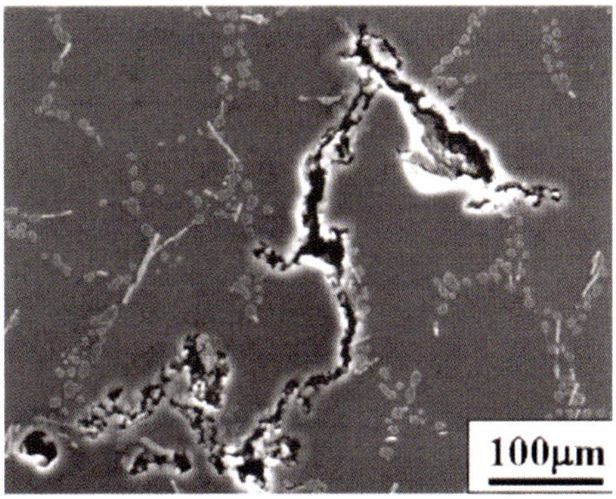

Bild 5.52: Links: Mikroskopische Aufnahme eines Oxidfilms [14]; rechts: REM-Aufnahme eines Oxideinschlusses [45]

Bild 5.53: Bruchflächen mit einer Oxidhaut, die die Materialfestigkeit verringert [28]

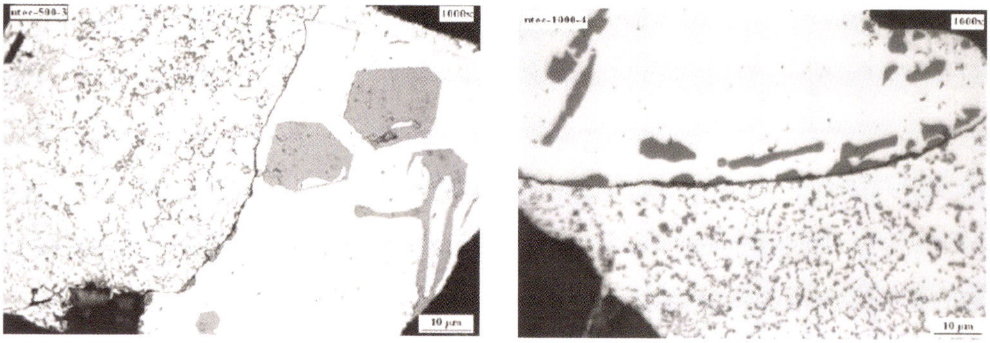

Bild 5.54: Schliffbilder von Einschlüssen [47]

Wenn die Oxidbildung während der Gießphase eintritt, können sich dünne Oxidhäute bilden, die anschließend je nach Metallfluss an der Innenseite oder der Oberfläche des Gussstücks eingebettet sind.

Unter besonderen Bedingungen kann Aluminiumoxid in Form von Partikeln aus α-Tonerde (Korund) im Gussstück vorliegen, die sich durch sehr hohe Härte auszeichnen.

Bild 5.55: Analyse einer unebenen Metallfront mit hohem Oxidationsrisiko

Die Einschlüsse können auch aus anderen nichtmetallischen Phasen bestehen, z. B. aus feuerfesten Partikeln (oft Siliziumkarbid) und Schlacken oder sie können komplex aus mehreren Phasen zusammengesetzt sein.

Im Falle der Bildung von Korund oder von anderen, möglicherweise komplexen Einschlüssen mit hoher Härte können Probleme bei der Bearbeitung auf Werkzeugmaschinen auftreten. Diese Defekte werden manchmal als „harte Stellen“ bezeichnet.

Bild 5.56: Oxideinschluss, wie von der Füllsimulation vorhergesagt

Bild 5.57: Oxideinschluss, wie durch die Füllsimulation vorhergesagt (Luftkontaktkriterium)

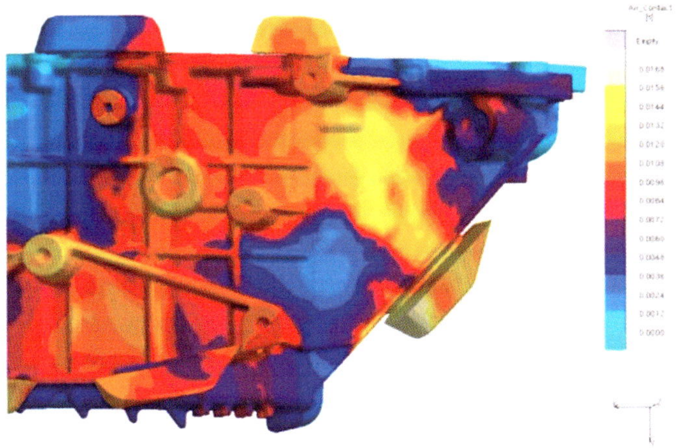

Morphologisches Erscheinungsbild

Bei Gefügeanalysen werden nichtmetallische Einschlüsse von metallischen Phasen durch das Fehlen des typischen Glanzes der metallischen Phasen unterschieden. Je nach intermetallischer Phase können diese Phasen entweder in Form eines Partikels oder als dünner Film auftreten (**Bild 5.52**, **Bild 5.53**, **Bild 5.54** und **Bild 5.55**).

Simulation

Mit der numerischen Simulation lassen sich Defekten mit bestimmten Formen von Einschlüssen (z. B. Oxide) leicht erkennen (**Bild 5.56** und **Bild 5.57**), während andere Einschlüsse nicht aufgezeigt werden können (wie z. B. Schlacke im Gießbad).

Zusätzlich zum Kriterium FillTemp Temperatur, das den Füllvorgang in Bezug auf die Temperatur beschreibt, wird das Kriterium AirContact zum Parameter für die Ermittlung des Risikos der Oxidbildung, da es die Zeit beschreibt, während der das Metall Kontakt mit Luft hat.

Literatur

[2, 4, 14, 24, 28, 34, 35, 37, 42,43, 44, 45, 46, 47, 50, 51, 52, 52]

Ebene	Fehlerklassifikation	Deutsch	Italienisch	Englisch
I	A	Innere Fehler	Difetti interni	Internal defects
II	A4	Unerwünschte Phasen	Fasi indesiderate	Undesired phases
III	A4.2	Unerwünschte Struktur	Struttura non desiderata	Undesired structure

Fehlerdefinition

Druckgussteile können ein Gefüge aufweisen, das nicht der verwendeten Legierung entspricht (bei Aluminiumlegierungen gibt es typischerweise Al-reiche α-Phasen-Dendriten und eutektische Strukturen in den umgebenden interdendritischen Zonen). Die unerwünschten Strukturen können Phasen sein, die sich durch hohe Härte, Steifigkeit und Sprödigkeit auszeichnen sowie mikrostrukturelle Diskontinuitäten erzeugen.

Wie bei anderen Defekten können Gefügediskontinuitäten Ausgangsstellen für Risse sein oder die Ausbreitung von Rissen, die unterschiedliche metallurgische Ursprünge haben, während der Abkühlung, der mechanischen Bearbeitung oder im Anwendungsfall des Teils begünstigen.

Zu dieser Klassifizierung von unerwünschten Strukturen können auch Teile von früheren Gussstücken (z. B. Gratteile) gehören, die versehentlich im Formhohlraum verblieben sind (z. B. abgelöst von früheren Gussstücken) und im Gussstück eingeschlossen wurden. In einigen Fällen können unerwünschte Strukturen, je nach ihrer Position, sowohl innere Fehler als auch Oberflächenfehler darstellen.

Morphologisches Erscheinungsbild

Die Morphologie der unerwünschten Strukturen variiert von Fall zu Fall. Es werden Strukturen gefunden, die in ihrer Form, Geometrie und Größe von denen abweichen, die als Referenz für die verwendete Legierung ausgezeichnet werden.

Der Fehler „unerwünschtes Gefüge" tritt beispielsweise als unerwünscht auf, wenn typische Gefügeabmessungen (z. B. der Abstand zwischen den Sekundärdendritenarmen, SDAS) außerhalb der angegebenen Akzeptanzgrenzen in den analysierten Positionen des Gussteils liegen (**Bild 5.58** und **Bild 5.59**).

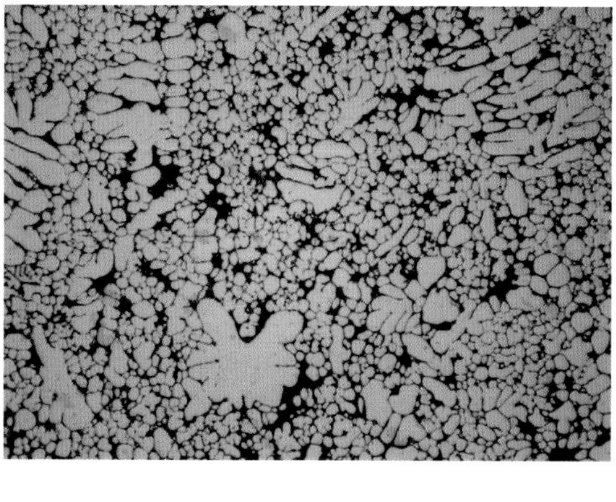

Bild 5.58: Mikroskopische Aufnahme einer Region mit großen Dendriten, umgeben von feinen Dendriten [53]

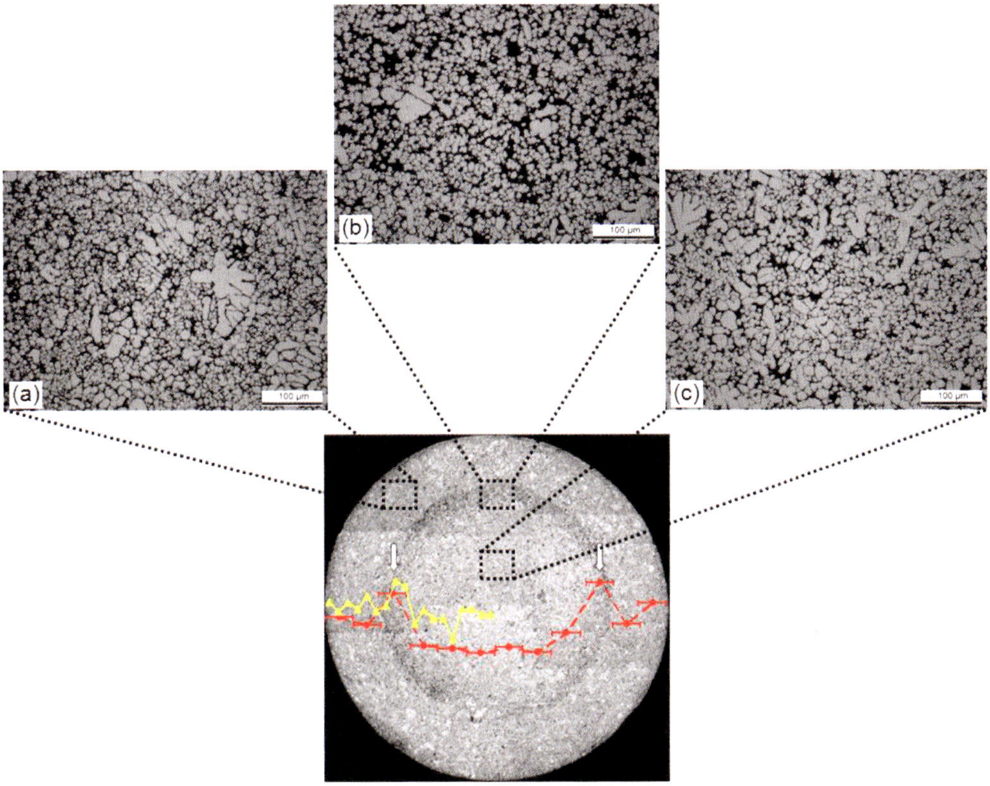

Bild 5.59: Makroaufnahme und lokale mikroskopische Aufnahmen einer Probe mit uneinheitlicher Struktur [53]

Simulation

Unerwünschten Strukturen in Druckgussteilen werden durch Phänomene erzeugt, die bisher noch nicht im Rahmen von Prozesssimulationscodes beschrieben werden können.

Literatur

[2, 4, 52, 53, 54]

Ebene	Fehlerklassifikation	Deutsch	Italienisch	Englisch
I	A	Innere Fehler	Difetti interni	Internal defects
II	A5	Thermischer Schwindungsfehler	Difetti da contrazione termica contrastata	Thermal contraction defects
III	A5.1	Riss	Cricca	Crack

Fehlerdefinition

Ein Riss ist eine Materialtrennung mit einem geringen Abstand der betroffenen Flächen im Verlauf des Risses. In Druckgussteilen bildet er sich bei einer relativ niedrigen Temperatur (weit entfernt vom Erstarrungsbereich), bei der die thermische Kontraktion des Gussstücks durch die viel geringere Kontraktion der Form behindert wird (**Bild 5.60**).

Die unter diesen Bedingungen entstehenden thermischen Spannungen im Gussstück können lokal so hohe Werte erreichen, dass es zu Rissen kommt. Liegen in dem Bereich des Gussstücks, in dem Spannungen aus der gegenläufigen thermischen Kontraktion auftreten, abrupte Querschnittsänderungen vor, so ist es sehr wahrscheinlich, dass daraus Risse entstehen, weil dort ein besonders hoher Spannungszustand vorliegt.

Die Risse können oft in Regionen mit Spannungslokalisierung auftreten, entweder aufgrund makroskopischer geometrischer Gründe oder aufgrund des Vorhandenseins zuvor gebildeter mikrostruktureller Defekte (wie z. B. gasbedingte oder interdendritische Porosität), die als Spannungsverstärker wirken.

Aus demselben Grund neigt ein Riss dazu, sich innerhalb von Zonen mit Defekten auszubreiten und diese auf seinem Weg abzufangen; daher ist der von Defekten bedeckte Flächenanteil auf einer Bruchfläche größer, als er auf einem allgemeinen metallografischen Schnitt erscheinen könnte, der in derselben Region des Gussteils gewonnen wurde.

Risse, die bei der Entnahme des Gussstücks oder durch nachfolgende Behandlungsvorgänge entstehen, können nicht zu dieser Fehlerart gezählt werden.

Morphologisches Erscheinungsbild

Der Riss ist eine geometrische Diskontinuität mit einer sehr kleinen Abmessung. Zwischen den beiden einander zugewandten Flächen, die den Riss begrenzen und an seinem Scheitelpunkt zusammenlaufen, befindet sich ein schmaler Bereich, der nicht von Metall besetzt ist. In einem metallografischen Schnitt erscheint ein Riss als ein schmaler, materialfreier Bereich, der von zwei Linien begrenzt wird, die an der Rissspitze zusammenlaufen und dem Profil des Gussgefüges folgen können oder auch nicht (**Bild 5.61**). Da die Rissbildung nach Abschluss der Erstarrung und somit bei niedrigen Temperaturen erfolgt, sind an den Rissoberflächen keine Oxidationsspuren zu

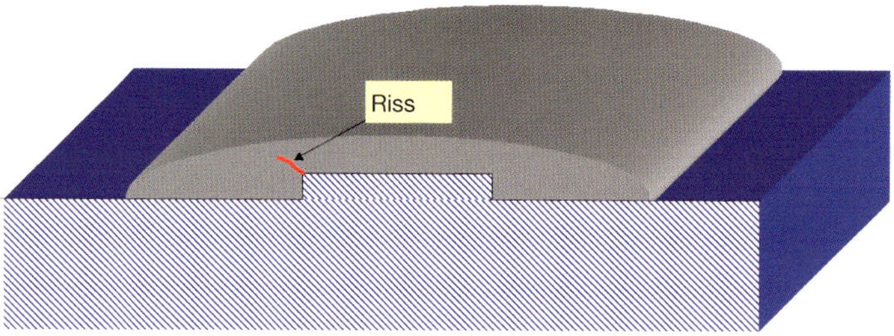

Bild 5.60: Schematische Darstellung einer Rissbildung

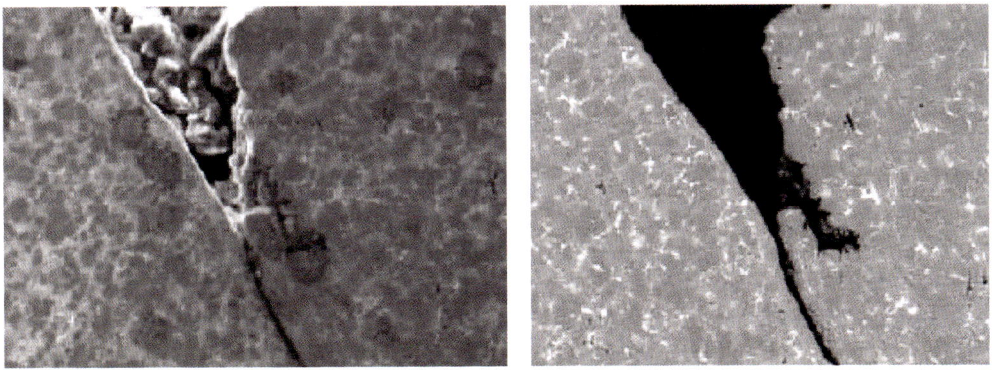

Bild 5.61: Mikroskopische Aufnahme eines Risses (rechts) und entsprechendes REM-Bild (links)

beobachten, es sei denn, das Teil wurde einer Behandlung oder einem Wärmezyklus unterzogen. Wenn also Oxidreihen auf den Bruchflächen auftauchen, handelt es sich i. d. R. um bereits vorhandene Defekte, die als Spannungskonzentratoren gewirkt haben (z. B. solche von Kaltfließstellen, Spritzperlen).

Ein Riss ist ein Fehler, der an der Oberfläche oder unter der Oberfläche (an den am stärksten beanspruchten Stellen und/oder bei Vorhandensein anderer vorher gebildeter Fehler) entsteht und sich in große innere Bereiche des Gussstücks ausdehnen oder es sogar durchqueren kann. Aus diesem Grund wird der Riss in dieser Klassifizierung sowohl zu den inneren Fehlern als auch zu den Oberflächenfehlern gezählt (s. Fehlerklassifikation B5.1).

Simulation

Ein gültiges Untersuchungsinstrument ist das Mises-Kriterium (Von-Mises-Spannung), das sofort die Bereiche mit höheren Vergleichsspannungen und damit einem höheren Rissrisiko aufzeigt und für jeden Punkt des Gussteils den Wert der vorhandenen Spannungen angibt. Ein weiterer Aspekt, der den Prozess der Rissbildung beeinflusst, ist die Verformungsgeschwindigkeit bestimmter Bereiche des Gussteils (**Bild 5.62**).

Wenn sich diese Bereiche schnell verformen, verläuft der Prozess der Rissbildung viel schneller und heftiger. In diesem Zusammenhang ermöglicht das Kriterium der Dehnungsrate die Lokalisierung von Bereichen, die aufgrund hoher Dehnungsraten im Gussteil als kritisch für mögliche Risse gelten.

Der Wert der Dehnungsrate für jeden Punkt im Gussteil wird berechnet.

Literatur

[2, 4]

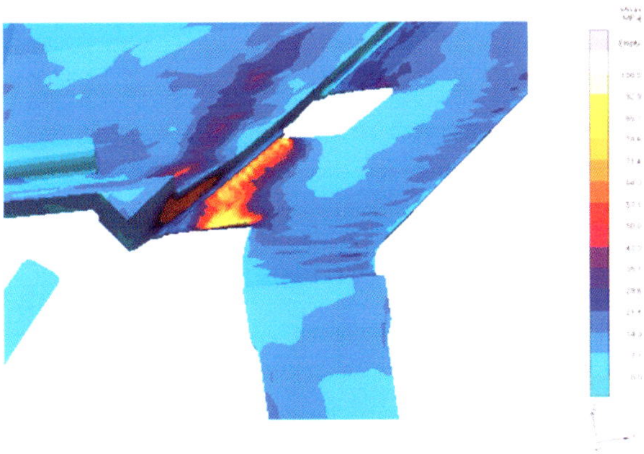

Bild 5.62: Von-Mises-Kriterium zur Vorhersage möglicher Risskeimbildung in Druckgussstücken

Ebene	Fehlerklassifikation	Deutsch	Italienisch	Englisch
I	A	Innere Fehler	Difetti interni	Internal defects
II	A5	Thermischer Schwindungsfehler	Difetti da contrazione termica contrastata	Thermal contraction defects
III	A5.2	Warmriss	Cricca a caldo	Hot tear

Fehlerdefinition

Ein Warmriss bildet sich, wenn im festen Teil der pastösen Zone, deren Temperatur im Erstarrungsbereich der Legierung liegt, die durch die Kontraktion entstandenen und von der Form entgegenwirkenden Spannungen lokal die Bruchfestigkeit der Legierung erreichen. Dies geschieht häufig in den zuletzt erstarrenden Bereichen des Gussstücks, wenn die thermischen Spannungen ihre höchsten Werte erreichen (**Bild 5.63**).

Darüber hinaus entstehen Warmrisse, wie auch Kaltrisse, häufig in Bereichen, in denen die Spannungen aus geometrischen oder mikrostrukturellen Gründen lokalisiert sind.

Schließlich bilden sich Warmrisse leichter in Legierungen mit einem breiten Erstarrungsbereich.

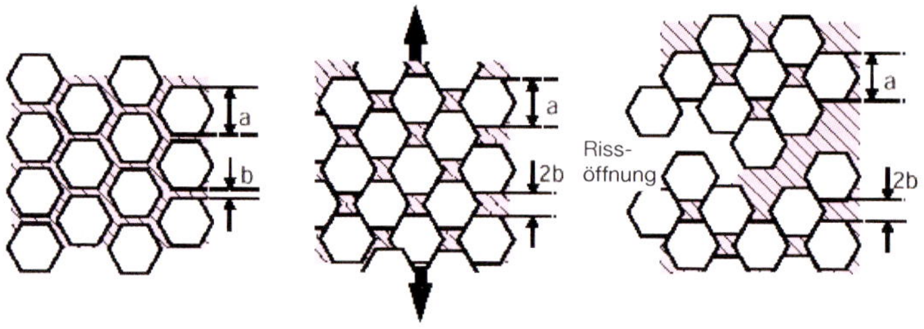

Anfangsstadium: hexagonale Körner, umgeben von einem Flüssigkeitsfilm.

Die Anwendung von Zugspannungen führt zur Belastung der Körner und zur Bildung von intergranularen Bereichen.

Die fortgesetzte Dehnung führt zur Rissöffnung.

Bild 5.63: Schematische Darstellung der Entstehung von Warmrissen [4]

Bild 5.64: Schliffbild eines Warmrisses: Zu sehen ist die Entmischung der Körner, die am Ende der Erstarrung stattfindet. [4]

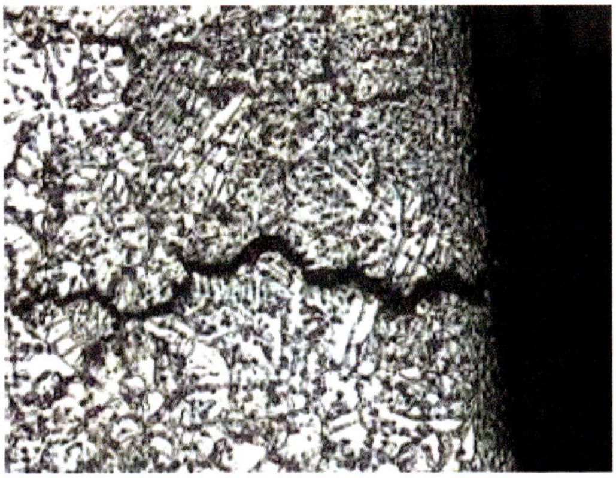

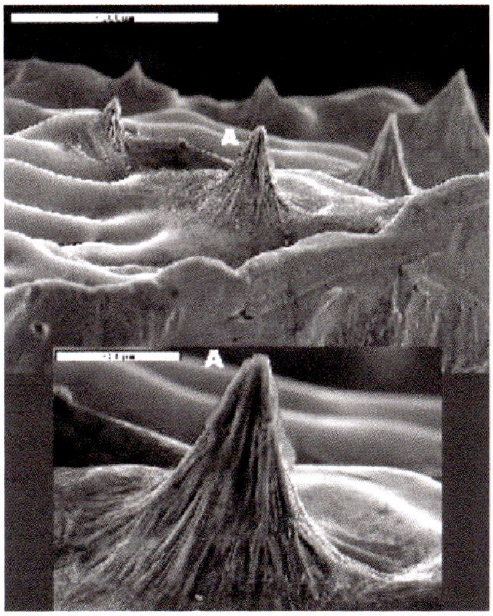

Bild 5.65: Mikroskopische Aufnahme eines Warmrisses (links) [14] und REM-Aufnahme der Oberfläche eines Warmrisses [55] (rechts)

Morphologisches Erscheinungsbild

Die Oberfläche eines Warmrisses weist eine dendritische Morphologie auf und ist stark oxidiert, da sie sich bei hoher Temperatur bildet. Warmrisse sind eher zerklüftet und verzweigt (**Bild 5.64** und **Bild 5.65**).

Simulation

Das Auftreten solcher Risse während des Erstarrungsprozesses des Gussteils kann mithilfe des Warmrisskriteriums analysiert werden (**Bild 5.66**).

Dadurch werden Bereiche des Gussteils hervorgehoben, in denen ein potenzielles Risiko für die Entstehung von Warmrissen besteht. Die Verformungsgeschwindigkeit des Gussteils ist ebenfalls von entscheidender Bedeutung für die Bildung von Warmrissen. Je höher die Geschwindigkeit, mit der sich das Gussteil verformt, desto größer ist die Wahrscheinlichkeit der Bildung von Rissen. In diesem Zusammenhang liefert das Kriterium der Dehnungsrate die Lage der Bereiche, die aufgrund hoher Dehnungsraten im Gussteil als kritisch für mögliche Risse gelten, sowie den Wert der Dehnungsrate für jeden Punkt des Gussteils.

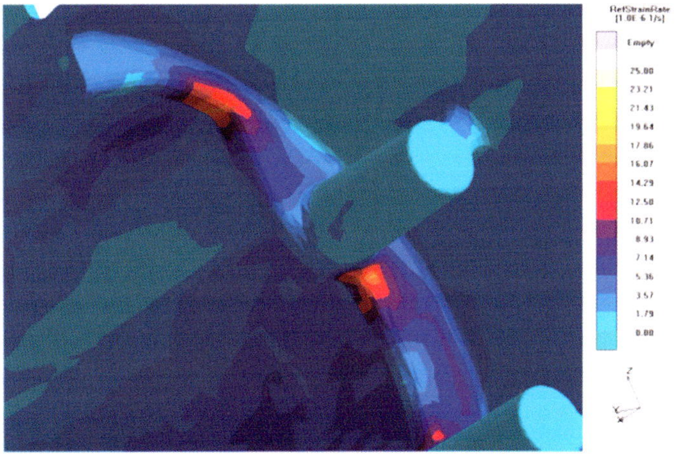

Bild 5.66: Vorhersage des Risikos von Warmrissen anhand der Auswertung der Dehnungsgeschwindigkeit

Literatur

[2, 3, 4, 14, 55, 56, 57]

Ebene	Fehlerklassifikation	Deutsch	Italienisch	Englisch
I	B	Oberflächenfehler	Difetti superficiali	Surface defects
II	B1	Lunker	Difetti da ritiro	Shrinkage defects
III	B1.1	Einfallstelle	Ricalo	Sink

Fehlerdefinition

Bei der Einfallstelle handelt es sich um eine lokale Vertiefung im Zusammenhang mit der Schwindungsporosität an einer Stelle unter der Oberfläche (**Bild 5.67**).

Dieser Fehler tritt auf, wenn im Gussstück oder in unmittelbarer Nähe der Oberfläche eine „heiße Stelle" entsteht. Nach der Bildung der ersten dünnen Randschicht, die in direktem Kontakt mit der Form steht, erstarrt der Bereich darunter und zieht sich zusammen. Der Spannungszustand, der in der zu diesem Zeitpunkt noch relativ heißen Randschicht entsteht, führt zu einer plastischen Verformung, die diese in das Innere des Gussstücks zieht und diesen Oberflächenfehler hervorruft.

Morphologisches Erscheinungsbild

Typischerweise tritt eine Einfallstelle in großen flachen Regionen oder in Regionen mit starken Querschnittsveränderungen auf, die einerseits günstige Bedingungen für das Auftreten des Defekts schaffen und andererseits die oberflächliche Vertiefung der Hautschicht gut hervorheben (**Bild 5.68**).

Simulation

Das Hotspot-Kriterium ist ebenso wie das Soltime-Kriterium (Solidification time) ein Maßstab, der es ermöglicht, die Hotspots innerhalb des Gussteils durch die Angabe ihrer Erstarrungszeit sofort sichtbar zu machen, um ihren Schweregrad beurteilen zu können (**Bild 5.69** und **Bild 5.70**).

Literatur

[2, 14]

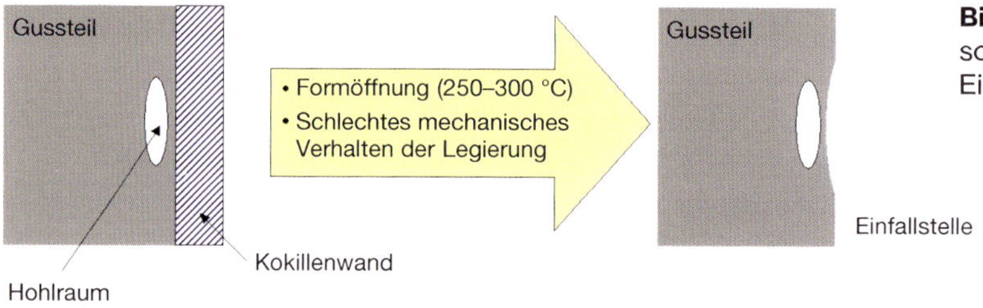

Bild 5.67: Schematische Darstellung einer Einfallstelle

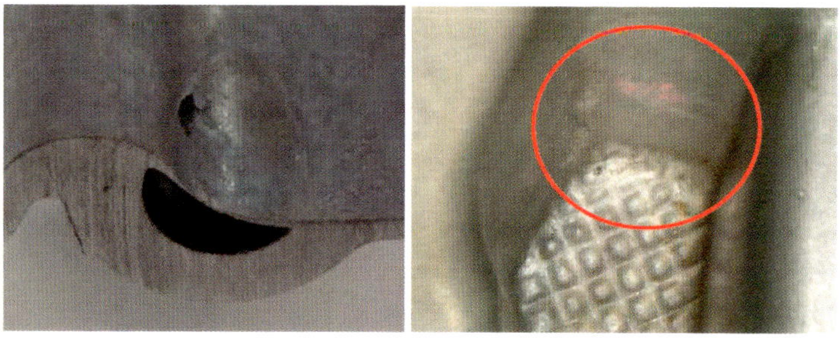

Bild 5.68: Typische Einfallstellen: Erscheinungsbild auf der äußeren Oberfläche und im makrographischen Schnitt [14]

Bild 5.69: Vorhersage einer Einfallstelle mithilfe des Hotspot-Kriteriums

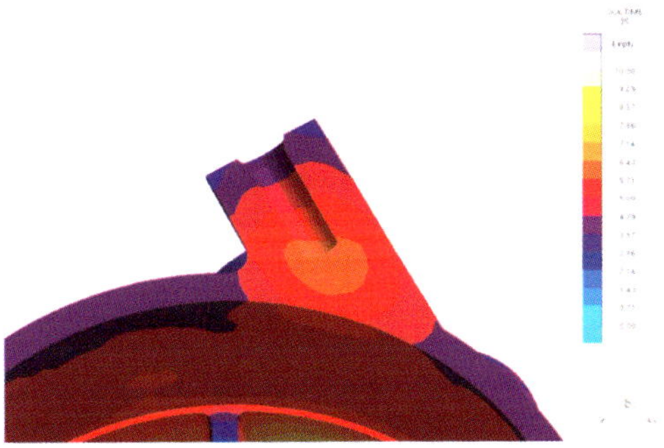

Bild 5.70: Vorhersage einer Einfallstelle anhand der Auswertung der Erstarrungszeit

Ebene	Fehlerklassifikation	Deutsch	Italienisch	Englisch
I	B	Oberflächenfehler	Difetti superficiali	Surface defects
II	B2	Gasfehler	Difetti da gas	Gas related defects
III	B2.1	Blister	Blister	Blister

Fehlerdefinition

Ein Blister ist eine kleine Oberflächenquellung, die entsteht, wenn der Innendruck einer unterirdischen Gasporosität ausreicht, um eine plastische Verformung der darüber liegenden dünnen Metallschicht zu bewirken (**Bild 5.71**). Dies geschieht leicht, wenn die Temperatur des Metalls hoch genug ist, der Innendruck des Gases noch relativ hoch und die Spannung, ab der sich die dünne Metallschicht plastisch verformen kann ($Rp_{0,2}$), niedrig ist. Blister treten daher typischerweise auf, wenn das Gussstück bei noch hohen Temperaturen aus der Form genommen wird.

Blister können aber auch bei jeder Wärmebehandlung der Gussstücke entstehen oder sich verstärken.

Darüber hinaus kann die lokale Verformung während der thermischen Wechselbeanspruchung ein lokales Ausgasen einer Überzugsschicht verursachen. Das letztgenannte Phänomen, das manchmal als „Ausgasung“ bezeichnet wird, hat denselben metallurgischen Ursprung wie Blister und wird in dieser Klassifizierung mit ihnen in Verbindung gebracht.

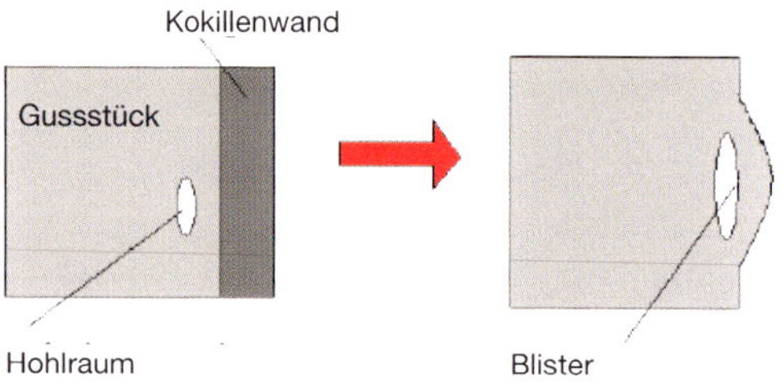

Bild 5.71: Schematische Darstellung der Blisterentstehung

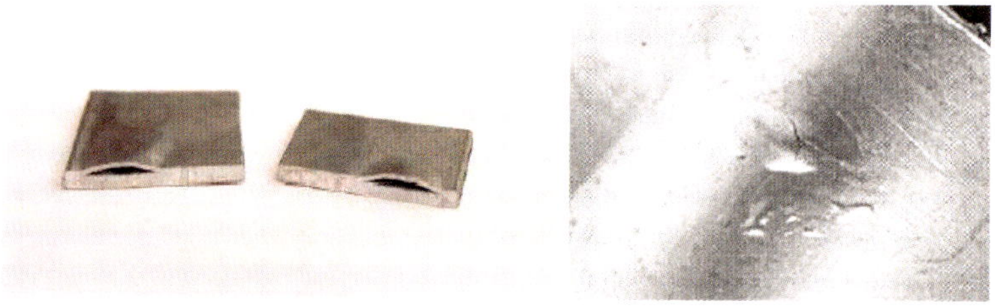

Bild 5.72: Beispiel eines Blisters [14]

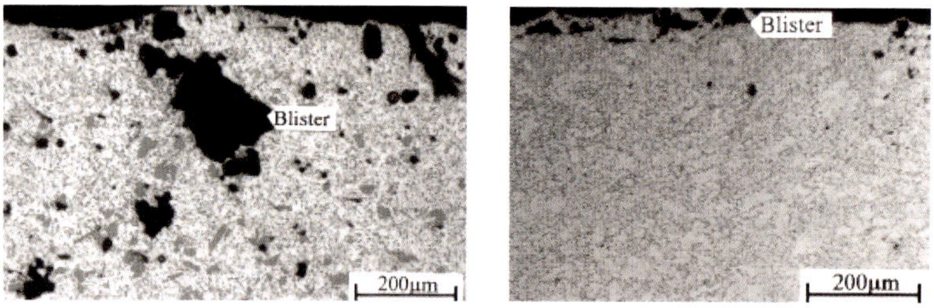

Bild 5.73: Schliffbilder zum Nachweis von Blister in Druckgussteilen [58]

Bild 5.74: Blisterbildung durch Wärmebehandlung: Gussoberfläche vor (links) und nach (rechts) der Wärmebehandlung

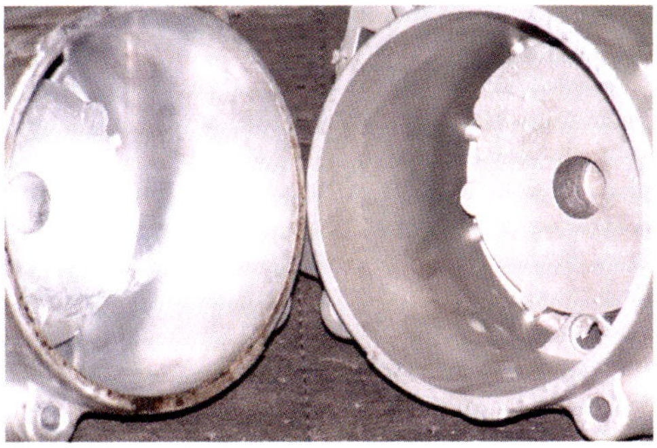

Bild 5.75: Blistervorhersage durch Füllsimulation

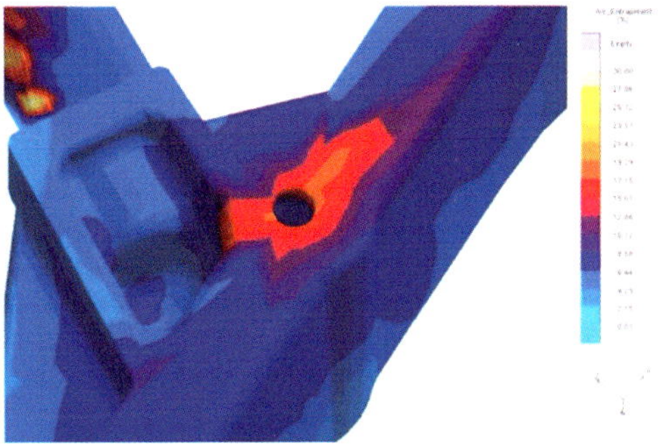

Bild 5.76: Blistervorhersage nach dem Kriterium des Lufteinschlusses

Blister stellen somit Fehler metallurgischen Ursprungs dar, die jedoch in späteren Phasen der Herstellung oder Verwendung von Gussstücken auftreten oder verstärkt werden können.

Morphologisches Erscheinungsbild

Ein Blister (verdeckte Blase) zeichnet sich durch eine kleine Oberflächenverformung aus, die mit einer verdeckten Gasporosität verbunden ist (**Bild 5.72**, **Bild 5.73** und **Bild 5.74**).

Simulation

Ein Blister ist nichts anderes als eine Porosität aus Lufteinschlüssen, wobei der einzige Unterschied zu einem inneren Defekt darin besteht, dass sich die eingeschlossene Luft an einer oberflächennahen Stelle befindet.

Zur Beurteilung möglicher negativer Erscheinungen für die Integrität des Gussteils kann man auf die Funktion Fill Tracer (o. ä.) zurückgreifen, die es ermöglicht, die Bewegung der Legierung während des Füllens durch verschiedenfarbige Tracer zu visualisieren (**Bild 5.75**). Eine kombinierte Betrachtung der Kriterien AirPressure (Luftdruck) und AirEntrapment (Lufteinschluss) erlaubt eine sehr genaue Beurteilung dieser Fehlerart.

AirEntrapment ist ein Kriterium, das die Konzentration des Gases ausdrückt, das während des Füllens in der Flüssigkeit eingeschlossen wird (**Bild 5.76**), während AirPressure den Druck der Luft in einer eingeschlossenen Blase anzeigt.

Literatur

[2, 14, 58]

Ebene	Fehlerklassifikation	Deutsch	Italienisch	Englisch
I	B	Oberflächenfehler	Difetti superficiali	Surface defects
II	B3	Formfüllfehler	Difetti di riempimento	Filling related defects
III	B3.1	Kaltlauf und Fließlinien	Giunzione e vortice	Joint and vortex

Fehlerdefinition

Eine Kaltlaufstelle entsteht, wenn eine relativ kalte und teilweise erstarrte Metallfließfront an der Oberfläche auf eine wärmere Strömung trifft, die sich relativ zu ihr bewegt. Die kältere, viskose Strömung kann verformt werden, entweder weil sie während der Bewegung mitgeschleppt/gebremst wird oder weil sie sich aufgrund der Verfestigung der ursprünglich wärmeren Fließfront zusammenzieht. In allen Fällen, in denen beide Ströme an die Oberfläche treten, können im kalten Strom Falten, Runzeln und lokale Oberflächenvertiefungen auftreten, typischerweise entlang der Schnittstelle zwischen den Strömen. Ist dagegen der wärmere Strom unter die teilweise erstarrte Oberfläche geflossen, kann ein großer Oberflächenbereich der Fließfront geriffelt erscheinen.

In anderen Fällen wird die Oberflächengeometrie des Gussstücks nicht verändert. Aber das Auftreten der verschiedenen Mikrostrukturen, die den unterschiedlichen Fließfronten entsprechen, kann sichtbar werden, insbesondere nach der Endbearbeitung (**Bild 5.77**).

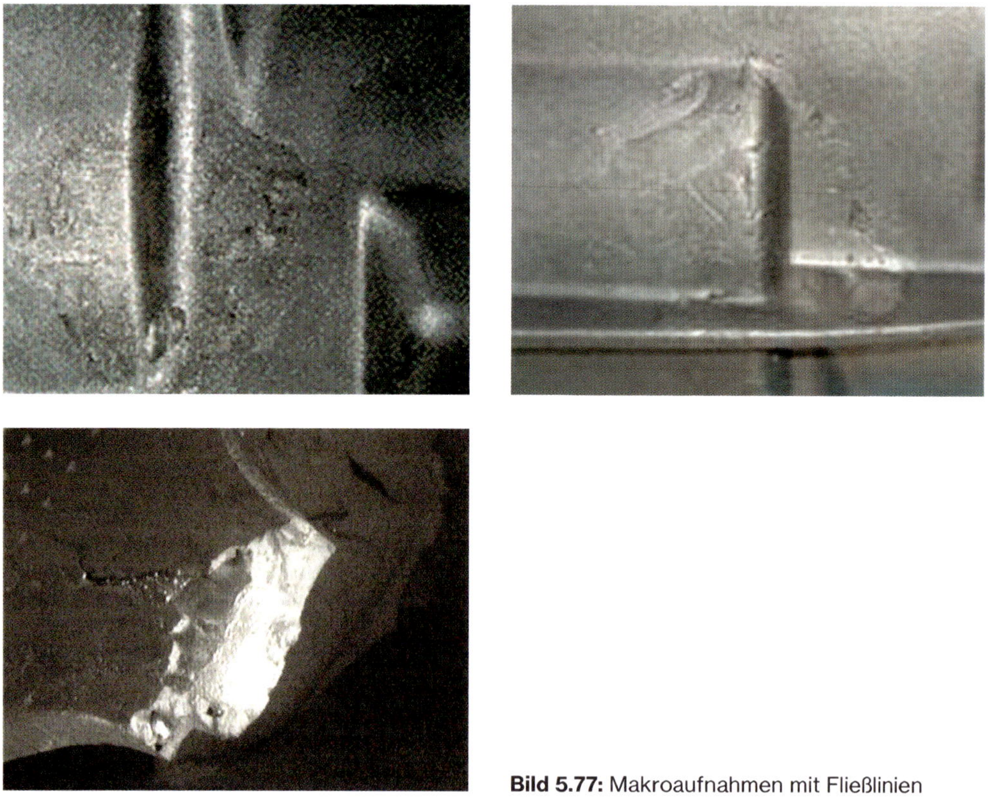

Bild 5.77: Makroaufnahmen mit Fließlinien

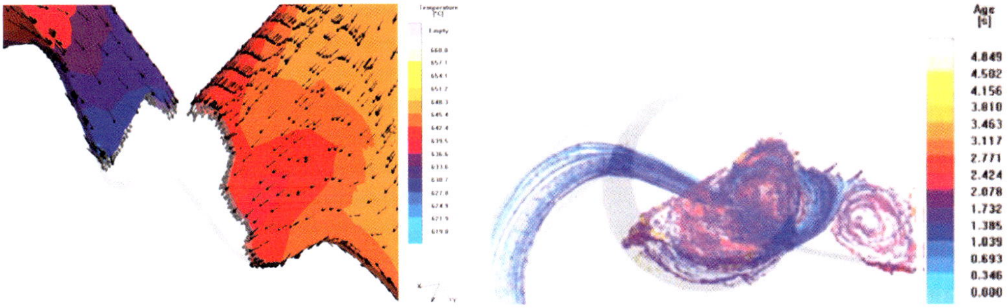

Bild 5.78: Vorhersage der Fließlinienbildung mithilfe der Füllsimulation

In dieser Klassifikation wird der Begriff Furche auch für diese Fälle verwendet, die in anderen Klassifikationen anders betrachtet werden (z. B. können sie als „Fließlinien" bezeichnet werden).

In der Tat kann das Erscheinungsbild des Fehlers, dessen metallurgischer Ursprung soeben beschrieben wurde, je nach den Bedingungen, die in den verschiedenen zusammenfließenden Strömen auftreten, variieren.

Ähnlich wie bei der Beschreibung des entsprechenden inneren Fehlers (s. Fehlerklassifikation A3.1) ist das Vorhandensein von Oxiden an der Schnittstelle zwischen den Strömen möglich. Dies kann eine metallurgische Diskontinuität verursachen, die bei relativ geringen Spannungen zu einer Trennung führen kann.

Der als Wirbel bezeichnete Defekt ist ein Sonderfall eines Füllungsdefekts. Er bildet sich nämlich dort, wo sich eine einzelne Strömung um sich selbst dreht, und sein Vorhandensein wird durch die Verteilung der Oxidschicht oder der Mikrostrukturen belegt.

Morphologisches Erscheinungsbild

Kaltlaufstellen sind Oberflächendefekte, die aus Riffelungen, leichten Vertiefungen oder einfach Variationen im Oberflächenaussehen von Gussstücken bestehen, die entlang der Zusammenflusslinien von flüssigen Metallströmen auf der Außenfläche der Gussstücke angeordnet sind. Ein größerer gewellter Bereich könnte auf einen inneren Strömungszusammenfluss zurückzuführen sein.

Ein Wirbel hingegen hat ein charakteristisches spiralförmiges Aussehen.

Wie bei ähnlichen inneren Defekten (s. Fehlerklassifikation A3.1) kann das Auftreten eines überstehenden Oxidfilms auf die Bildung einer Kaltlaufstelle hinweisen.

Simulation

Das Kriterium FillTemp (Temperatur der Formfüllung) zeigt die Temperatur der Legierung an jedem ihrer Punkte während der Füllphase an. Die detaillierte Analyse der Fließfronten der Legierung ermöglicht die Visualisierung der Verbindung und ihrer Lage.

Die Visualisierung der Tracer während der Füllphase ermöglicht es, das Risiko von Wirbeln hervorzuheben (**Bild 5.78**).

Literatur

[2, 3, 4, 14]

Ebene	Fehlerklassifikation	Deutsch	Italienisch	Englisch
I	B	Oberflächenfehler	Difetti superficiali	Surface defects
II	B3	Formfüllfehler	Difetti di riempimento	Filling related defects
III	B3.2	Dopplung	Sfogliatura	Lamination

Fehlerdefinition

Dopplungen werden von einer dünnen Metallschicht gebildet, deren Oberfläche sich vom massiven Teil des Gussstücks trennt und fast parallel zur Außenfläche des Gussstücks verläuft (**Bild 5.79**).

Dopplungen treten auf, wenn aus verschiedenen Gründen ein relativ heißer, niedrigviskoser Metallstrom zwischen die Oberfläche der Form und einen Teil des Gussstücks eindringt, der sich im Inneren befindet, eine niedrigere Temperatur hat und bereits teilweise erstarrt ist (**Bild 5.80**).

Dopplungen können z. B. durch Verformungen der Gussform infolge eines schnellen Druckanstiegs entstehen. Begrenzte Spannungen, auch thermischer Art, führen zu einer Trennung entlang der Fließgrenzfläche, wodurch sich die Haut teilweise oder vollständig ablöst. Die Dopplung kann sich bei einer eventuellen Bearbeitung durch Werkzeugmaschinen leicht vom Gussteil lösen.

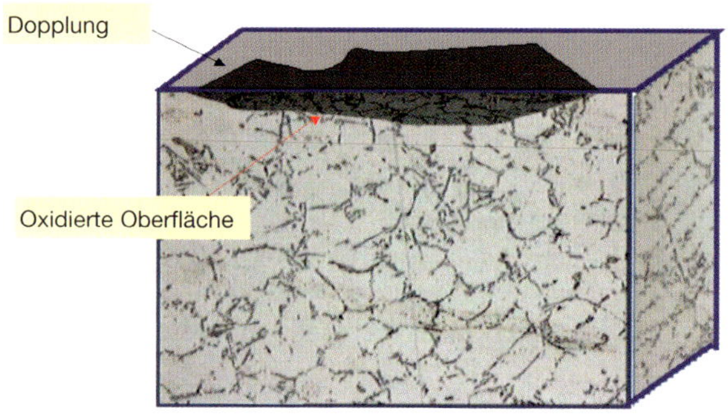

Bild 5.79: Schematische Darstellung der Entstehung einer Dopplung (Laminierung)

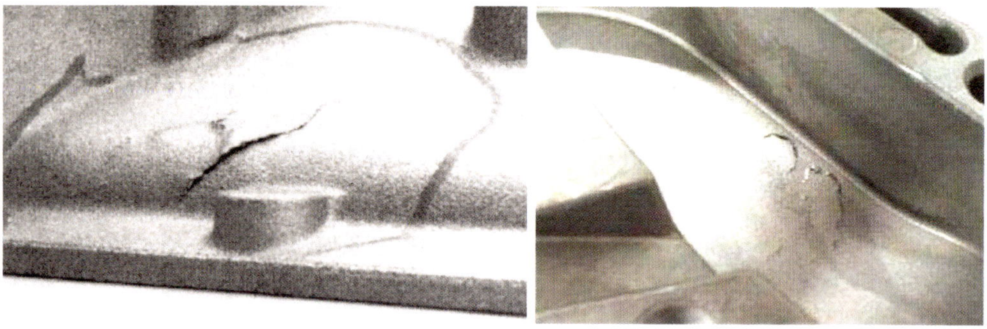

Bild 5.80: Bilder von Dopplungen

Bild 5.81: Entstehung der Dopplung (Füllsimulation, 82 %)

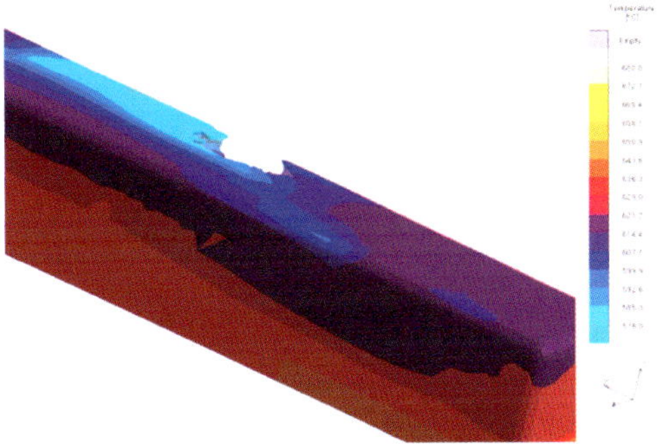

Bild 5.82: Entstehung der Dopplung (Füllsimulation, 94 %)

Morphologisches Erscheinungsbild

Dopplungen nehmen das typische Aussehen einer dünnen Metallschicht (Haut) an, die eine andere Mikrostruktur als die darunter liegende hat und von dieser durch eine Oxidschicht weitgehend getrennt ist, sodass eine metallische Diskontinuität und eine unvollkommene Haftung zum inneren Metall bestehen.

Simulation

Dopplungen werden, wie beim Kaltlauf, durch die Untersuchung der Füllsequenz mit dem Kriterium FillTemp (Temperatur an der Fließfront (Vorderkante)) analysiert. Die Oberflächengeschwindigkeiten neigen dazu, abrupt abzunehmen, wenn die Flüssigkeit an der Formoberfläche anhaftet und abkühlt, sodass das Kriterium FillVel (Füllgeschwindigkeit) auch für die Erkennung von Dopplungen nützlich ist (**Bild 5.81** und **Bild 5.82**).

Literatur

[2, 4, 14, 24, 28, 29, 30, 31, 33, 34, 35, 37, 43, 44, 45, 46, 47, 49]

Ebene	Fehlerklassifikation	Deutsch	Italienisch	Englisch
I	B	Oberflächenfehler	Difetti superficiali	Surface defects
II	B3	Formfüllfehler	Difetti di riempimento	Filling related defects
III	B3.3	Spritzkugel	Goccia fredda	Cold shot

Fehlerdefinition

Der Ursprung dieses Oberflächenfehlers ist derselbe wie der des entsprechenden inneren Fehlers (s. Fehlerklassifikation A3.3). Eine Spritzkugel bildet sich, wenn ein kleiner Teil des flüssigen Metalls mit der Oberfläche der Druckgussform in Kontakt kommt und schnell erstarrt (**Bild 5.83**).

Die rasche Abkühlung führt zu einer feinen Mikrostruktur und der Kontakt mit der Luft kann zur Bildung einer dünnen Oxidschicht um die kugelförmige Perle führen. Eine Spritzkugel, die zunächst an der Kokille haftet und dann im Gussteil zu finden ist, ist im Allgemeinen auf der Oberfläche des Teils sichtbar.

Bild 5.83: Makrostruktur der Oberflächen mit einer Spritzkugel [14]

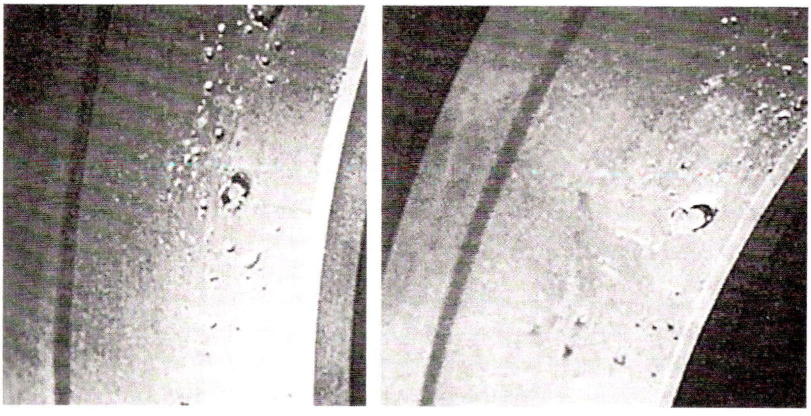

Bild 5.84: Beispiele für Spritzkugeln an der Oberfläche

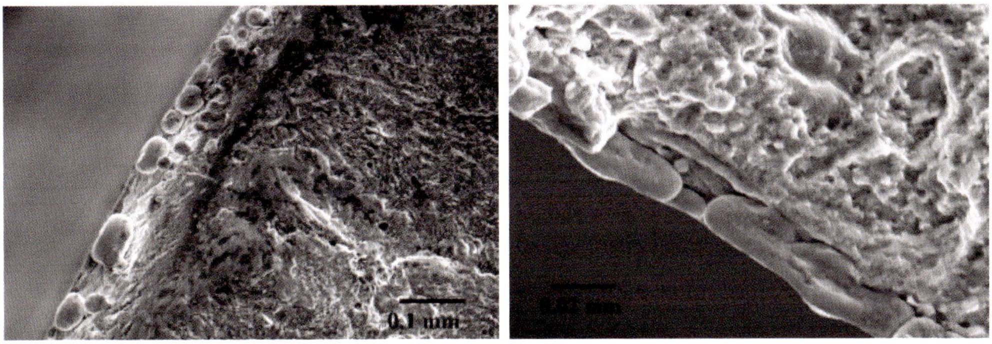

Bild 5.85: REM-Bilder von Spritzkugeln [28]

Morphologisches Erscheinungsbild

Die Spritzkugel ist eine kleine Metallmenge, die in ihrer chemischen Zusammensetzung der des Druckgussteils entspricht und eine kugelförmige oder ellipsoide Form hat (**Bild 5.84**).

Die Spritzkugel ist in ihrer Mikrostruktur viel feiner als die umgebenden Bereiche und kann durch eine dünne Oxidschicht abgetrennt sein. Die Spritzkugel stellt eine mikrostrukturelle oder metallische Unterbrechung dar (**Bild 5.85**).

Der Fehler ist meist auf der Oberfläche der Gussteile leicht zu erkennen und begünstigt eine mögliche Abtrennung.

Simulation

Das Kriterium FillTemp (Fülltemperatur) ermöglicht es zu sehen, ob und wann die Legierung turbulent und mit einer Front fließt, die durch eine beträchtliche Präsenz von Tropfen (Sprüheffekt) gekennzeichnet ist, die den Erstarrungsbedingungen sehr nahekommen (**Bild 5.86**).

Literatur

[2, 4, 14, 24, 28, 29, 30, 31, 33, 34, 35, 37, 43, 44, 45, 46, 47, 49]

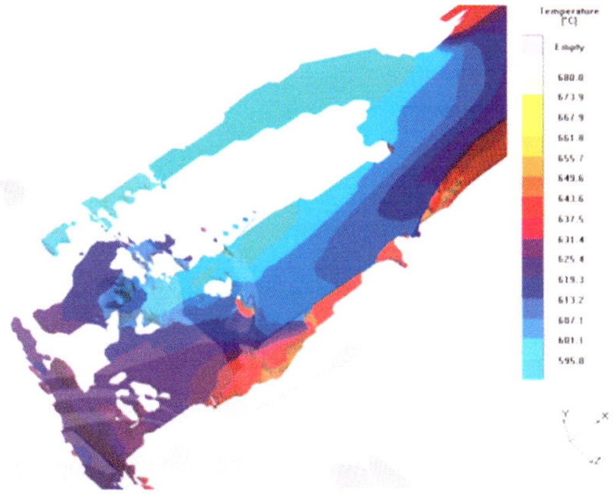

Bild 5.86: Vorhersage von Spritzkugeln mittels Füllsimulation (38 %)

Ebene	Fehlerklassifikation	Deutsch	Italienisch	Englisch
I	B	Oberflächenfehler	Difetti superficiali	Surface defects
II	B4	Unerwünschte Phasen	Fasi indesiderate	Undesired phases
III	B4.1	Oberflächen-ablagerung/ Schlacke	Desposito	Surface desposit

Fehlerdefinition

Eine Ablagerung ist eine Schicht, die sich in ihrer Zusammensetzung, Dicke und Verteilung von der des Gussstücks unterscheidet und sich während des Druckgießens auf der Oberfläche des Gussstücks abgesetzt hat, ohne jedoch chemisch mit ihm zu reagieren. Ein typisches Beispiel für eine Ablagerung ist überschüssiges Trennmittel, das sich unter der Wirkung des Flüssigmetallflusses in bestimmten Bereichen der Formoberfläche angesammelt haben kann und anschließend auf die Oberfläche des Gussstücks übertragen wird.

Morphologisches Erscheinungsbild

Eine Ablagerung erscheint als ein mehr oder weniger ausgedehnter Bereich des Gussstücks, der durch das Vorhandensein einer Schicht oder von Partikeln von Stoffen gekennzeichnet ist, die der Legierung, aus der das Gussstück hergestellt ist, fremd sind (**Bild 5.87**). Die Ablagerung kann in Dicke, Haftung und Verteilung variieren.

Simulation

Ein Beispiel für eine Ablagerung ist der Überschuss an Schmiermittel (**Bild 5.88**), der aus der Gussform übertragen wird. Die Simulation hilft also nicht bei der Vorhersage eines solchen Fehlers, es sei denn, man weiß im Voraus, wo die Ablösung oder der Einschluss der unerwünschten Masse beginnen kann und kann dann ihren Weg im Hohlraum mit der Simulation bewerten.

Bild 5.87: Makroaufnahme einer Ablagerung

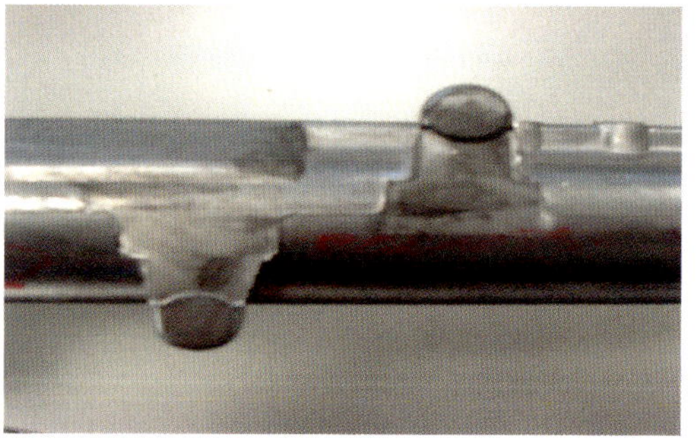

Bild 5.88: Ablagerungen, die durch einen Überschuss an Druckguss-Schmiermittel verursacht werden, sammeln sich an und werden dann auf die Oberfläche des Druckgussteils übertragen.

Ebene	Fehlerklassifikation	Deutsch	Italienisch	Englisch
I	B	Oberflächenfehler	Difetti superficiali	Surface defects
II	B4	Unerwünschte Phasen	Fasi indesiderate	Undesired phases
III	B4.2	Verunreinigung oder Einschluss	Contamina zione o inclusione	Contaminant or inclusion

Fehlerdefinition

Druckgussteile können an der Oberfläche andere Phasen aufweisen als gewünscht (bei Aluminiumlegierungen ein gräulich gefärbtes Oxid). Die Verunreinigung zeigt eine Schicht mit unterschiedlicher Zusammensetzung, Dicke, Haftung und Verteilung, die sich während oder als Folge des Druckgussprozesses auf der Oberfläche eines Gussstücks gebildet hat (**Bild 5.89**). Vielfach sind Verunreinigungen Anzeichen für eine Wechselwirkung des Metalls mit der Umgebung oder mit bestimmten Stoffen, mit denen das Gussstück örtlich in Kontakt gekommen sein kann. Auch Formen der Korrosion des Gussstücks zeigen ähnliche Verunreinigungen.

Einschlüsse hingegen entsprechen in Bezug auf die Beschreibung des Fehlerursprungs und der Morphologie den inneren Fehlern (s. Fehlerklassifikation A4.1).

Morphologisches Erscheinungsbild

Auf der Oberfläche der Gussstücke sind Bereiche zu beobachten, die eine andere Farbe als üblich aufweisen (was z. B. auf das Vorhandensein einer dünnen Aluminiumoxidschicht zurückzuführen ist).

Für Einschlüsse wird auf den ähnlichen inneren Fehler (s. Fehlerklassifikation A4.1) verwiesen.

Simulation

Die numerische Simulation dieser Art von Fehlern macht es einfach, bestimmte Arten von Einschlüssen (z. B. Oxide) hervorzuheben, während es unmöglich ist, das Vorhandensein anderer Einschlüsse (z. B. Schlacke im Gießbad) zu erkennen (**Bild 5.90**, **Bild 5.91**, und **Bild 5.92**).

Bild 5.89: Beispiele für Verunreinigungen

Neben dem Kriterium FillTemp, das die Füllsequenz in Bezug auf die Temperatur beschreibt, wird das Kriterium AirContact zum wesentlichen Parameter für die Bestimmung des Risikos der Oxidbildung, da es beschreibt, wie lange das Metall in Kontakt mit der Luft bleibt.

Bild 5.90: Analyse einer ungleichmäßigen Metallfront mit hohem Oxidationsrisiko

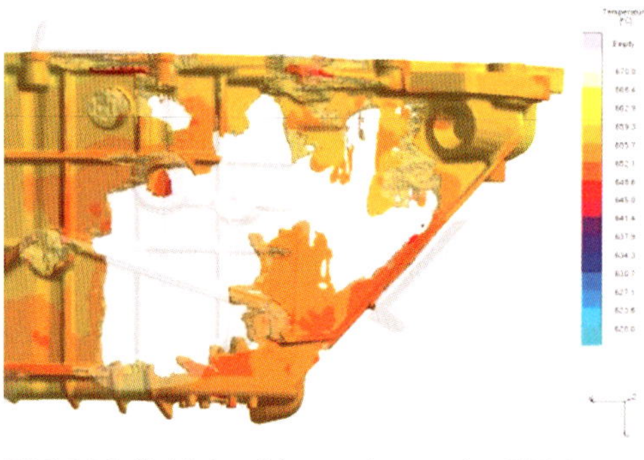

Bild 5.91: Oxideinschluss, wie von der Füllsimulation vorhergesagt

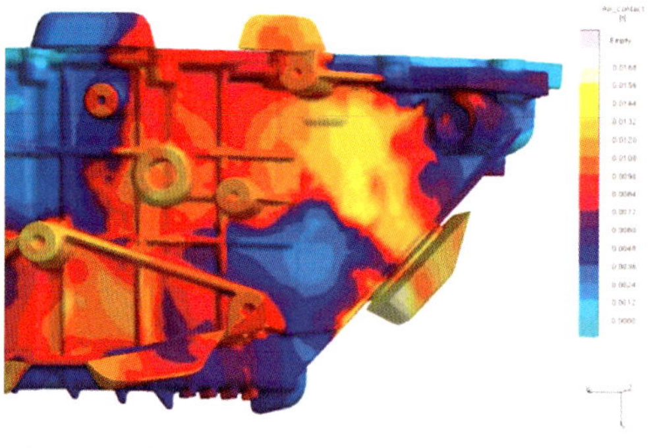

Bild 5.92: Oxideinschluss, wie von der Füllsimulation vorhergesagt (Luftkontaktkriterium)

Ebene	Fehlerklassifikation	Deutsch	Italienisch	Englisch
I	B	Oberflächenfehler	Difetti superficiali	Surface defects
II	B5	Thermischer Schwindungsfehler	Difetti da contrazione termica contrastata	Thermal contraction defects
III	B5.1	Riss	Cricca	Crack

Fehlerdefinition

Ein Riss ist ein Fehler, der sich in große innere Bereiche des Gussstücks bis hin zu dessen Durchdringung erstrecken kann (**Bild 5.93** und **Bild 5.94**). In dieser Klassifizierung wird der Riss daher sowohl zu den inneren Fehlern als auch zu den Oberflächenfehlern gezählt. Die Beschreibung des Fehlers, seine morphologischen Merkmale und mögliche Hinweise für die numerische Simulation sind ähnlich wie bei den entsprechenden Oberflächenfehlern (s. Fehlerklassifikation A5.1).

Morphologisches Erscheinungsbild

Der Riss ist eine geometrische Diskontinuität mit einer sehr kleinen Abmessung im Vergleich zu den Gussteilabmessungen. Zwischen den einander zugewandten Flächen, die den Riss begrenzen und an der Rissspitze zusammenlaufen, liegt ein schmaler Bereich, der nicht von Metall besetzt ist (**Bild 5.95**).

In einem metallografischen Schnitt erscheint ein Riss als schmaler materialfreier Bereich, der von zwei Linien begrenzt wird, die an der Rissspitze zusammenlaufen und dem Profil des Gussgefüges folgen können. Da die Rissbildung bei dieser Art von Defekt nach der vollständigen Erstarrung und somit bei niedrigen Temperaturen erfolgt, sind an den Oberflächen keine Oxidationsspuren

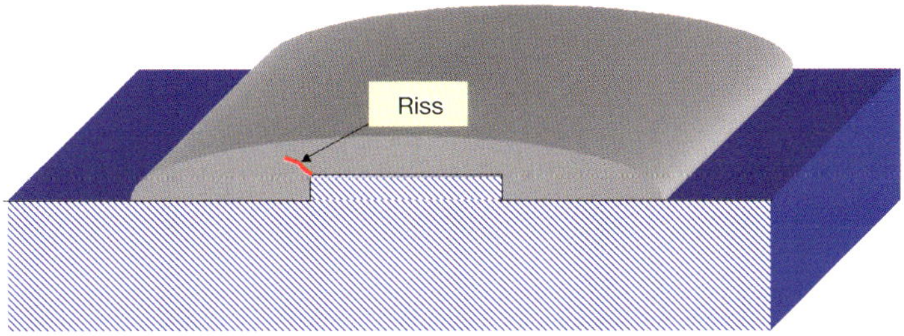

Bild 5.93: Schematische Darstellung der Rissentstehung

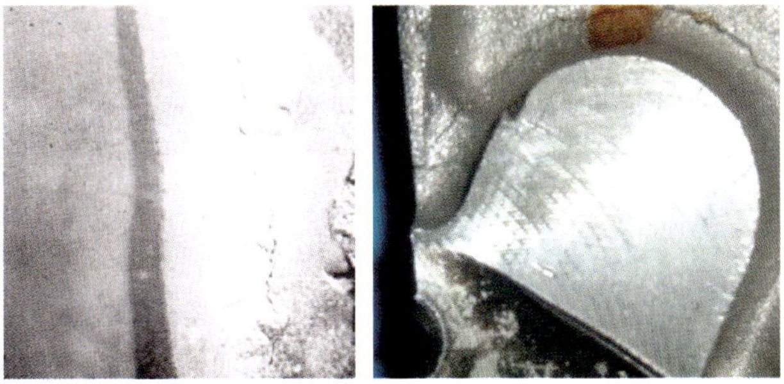

Bild 5.94: Bilder von zwei Rissen

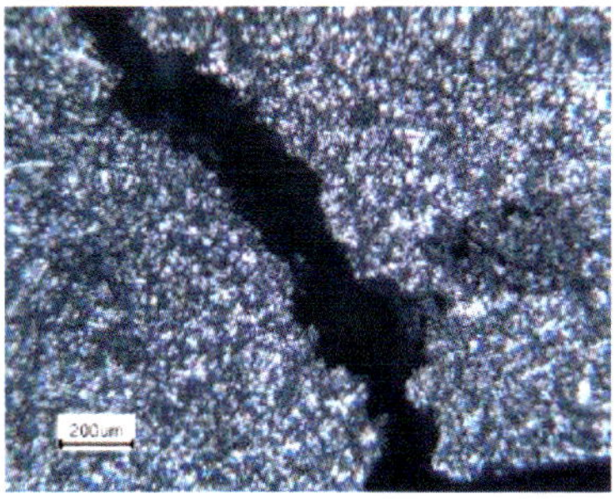

Bild 5.95: Mikroskopische Aufnahme eines Risses

zu beobachten, es sei denn, das Teil wurde einer Wärmebehandlung oder thermischen Zyklen unterzogen.

Wenn an den Bruchflächen ausgerichtete Oxide auftreten, handelt es sich um bereits vorhandene Fehler, die als Spannungskonzentratoren gewirkt haben (z. B. kalte Fließstellen).

Ein Riss ist ein Fehler, der an der Oberfläche oder unter der Oberfläche (an den am stärksten beanspruchten Stellen und/oder bei Vorhandensein anderer vorher gebildeter Fehler) entsteht und sich in große innere Bereiche des Gussstücks ausdehnen oder es sogar durchqueren kann.

In der vorliegenden Klassifizierung wird der Riss daher sowohl zu den inneren Fehlern (s. Fehlerklassifikation A5.1) als auch zu den Oberflächenfehlern gezählt.

Simulation

Ein wertvolles Untersuchungsinstrument ist das Mises-Kriterium (Von-Mises-Spannung), welches die rissgefährdeten Bereiche aufzeigt und für jeden Punkt des Gussteils den Wert der vorhandenen Spannungen angibt (**Bild 5.96** und **Bild 5.97**).

Die Rissbildung wird auch durch die lokale Verformungsgeschwindigkeit beeinflusst.

Wenn die Verformung schnell ist, breitet sich der Riss schneller aus. Das Kriterium Dehnungsrate zeigt die Lage der kritischen Zonen mit hohen Dehnungsraten für einen möglichen Rissansatz im Gussteil und gibt den Wert der Dehnungsrate für jeden Punkt an.

Literatur

[2, 4]

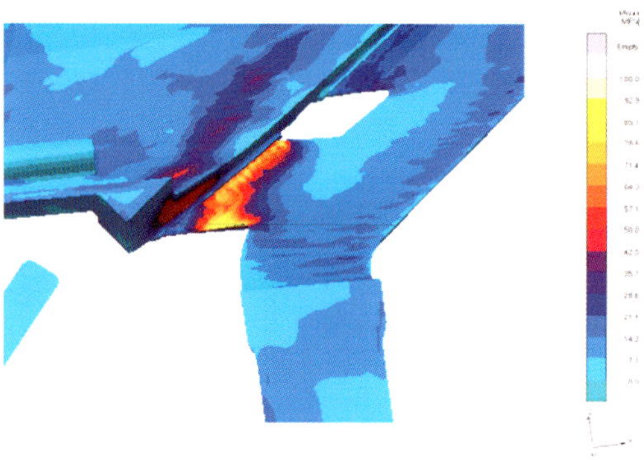

Bild 5.96: Von-Mises-Kriterium zur Vorhersage möglicher Rissbildung in Druckgussteilen

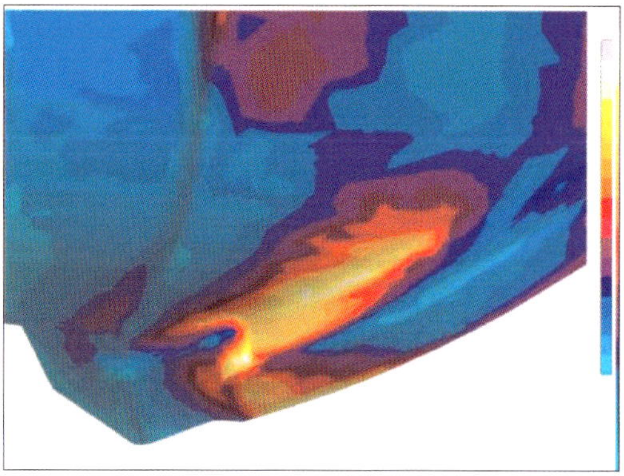

Bild 5.97: Kriterium der Dehnungsrate zur Vorhersage möglicher Rissbildung in Druckgussteilen

Ebene	Fehlerklassifikation	Deutsch	Italienisch	Englisch
I	B	Oberflächenfehler	Difetti superficiali	Surface defects
II	B5	Thermischer Schwindungsfehler	Difetti da contrazione termica contrastata	Thermal contraction defects
III	B5.2	Warmriss	Cricca a caldo	Hot tear

Fehlerdefinition

Warmrissbildung ist ein Fehler, der sich auf große innere Bereiche des Gussstücks ausdehnen und diese sogar durchdringen kann (**Bild 5.98**). Aus diesem Grund wird der Warmriss in dieser Klassifizierung sowohl zu den inneren Fehlern als auch zu den Oberflächenfehlern gezählt.

Für eine Beschreibung des Fehlers, seiner morphologischen Merkmale und für eine mögliche numerische Simulation wird auf den entsprechenden Oberflächenfehler (s. Fehlerklassifikation A5.2) verwiesen.

Morphologisches Erscheinungsbild

Die Oberfläche eines Warmrisses weist eine dendritische Morphologie auf und ist stark oxidiert, da sie sich bei hohen Temperaturen bildet. Warmrisse sind eher zerklüftet und verzweigt.

Simulation

Das Hauptkriterium zur Überprüfung des Auftretens solcher Risse während des Erstarrungsprozesses des Gussteils ist das Warmrisskriterium. Dieses zeigt sofort auf, welche Bereiche rissgefährdet sein können und gibt für jeden Punkt des Gussteils den aktuellen Spannungswert an. Auch die Dehnungsgeschwindigkeit im Gussstück ist für die Warmrissbildung von entscheidender Bedeutung (**Bild 5.99**, **Bild 5.100** und **Bild 5.101**). Auch hier gilt: Je höher die Geschwindigkeit, mit der sich das Gussteil verformt, desto größer ist die Wahrscheinlichkeit der Warmrissbildung.

In diesem Zusammenhang liefert das Kriterium der Dehnungsrate die Orte möglicher Risse aufgrund einer hohen Dehnungsrate im Gussstück sowie den Dehnungsratenwert für jeden Punkt des Gussstücks.

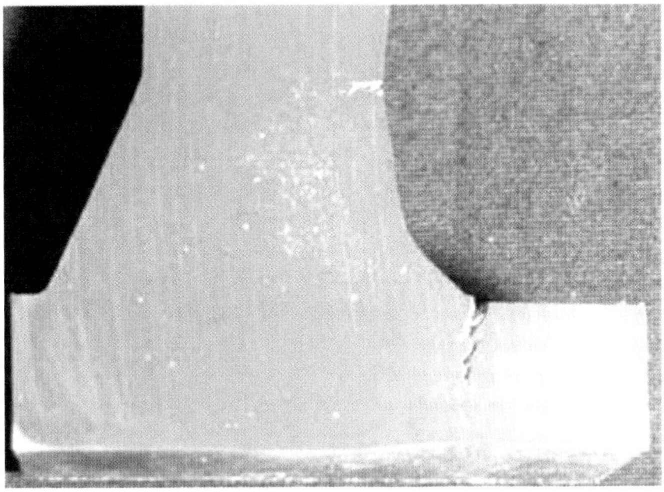

Bild 5.98: Makroaufnahme eines Warmrisses [57]

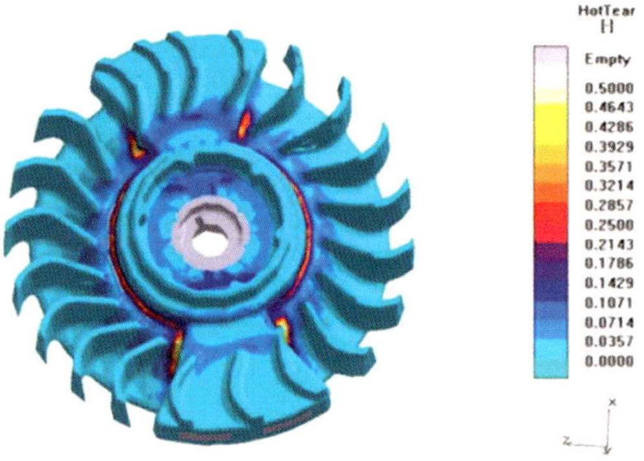

Bild 5.99: Warmrisskriterium für die Vorhersage von Warmrissen

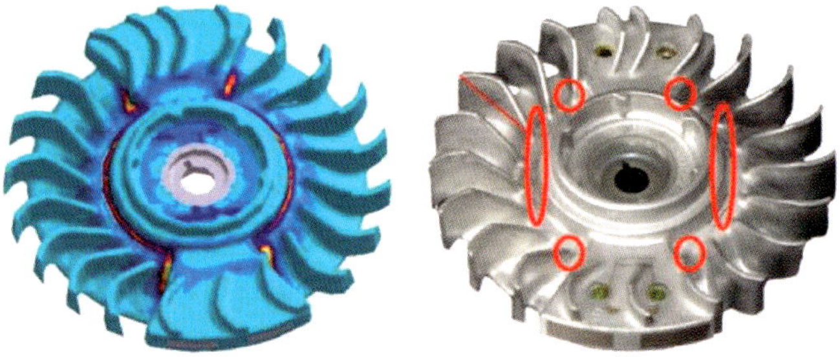

Bild 5.100: Vergleich zwischen Simulation (Warmrisskriterium) und realem Gussteil

Bild 5.101: Warmrisse: Vorhersage mithilfe des Kriteriums der Dehnungsrate

Literatur

[2, 3, 4, 14, 55, 56, 57]

Ebene	Fehlerklassifikation	Deutsch	Italienisch	Englisch
I	B	Oberflächenfehler	Difetti superficiali	Surface defects
II	B6	Form-Metall-Reaktionsfehler	Difetti da interazione metallo/stampo	Metal/die interaction defects
III	B6.1	Erosion	Erosione	Erosion

Fehlerdefinition

Erosion ist ein Gussfehler, der in negativer Weise einen Formfehler widerspiegelt, der mit erosiven Phänomenen zusammenhängt (**Bild 5.102**).

Die Einwirkung des Flüssigmetallstroms mit turbulenter Bewegung, hoher Geschwindigkeit und Temperatur kann zu einem fortschreitenden erosiven Verschleiß auf den Formoberfläche führen, der allgemein als Erosion bezeichnet wird. Das Erosionsphänomen schreitet in Bereichen, in denen das flüssige Metall mit hoher Temperatur und Geschwindigkeiten fließt, schneller voran.

Die Erosion hängt neben den oben genannten Faktoren auch von der Ausbreitung des Flüssigmetallstroms, von eingeschlossenen Partikeln mit hoher Härte oder gasförmigen Blasen in diesem Fließstrom zusammen.

Bei Vorhandensein von Gasblasen erfolgt die Erosion der Form durch Kavitationserscheinungen an der Formoberfläche. Kavitation, d. h. die Implosion gasförmiger Blasen, verursacht eine örtlich begrenzte Vertiefung, bei der kleine Mengen von Material unter Bildung von Gruben (kleinen Hohlräumen) abgetragen werden. Je nach Größe des im Flüssigmetallstrom eingeschlossenen Bereichs der Blasenbildung können örtlich begrenzte oder diffuse Kavitationsgruben auftreten.

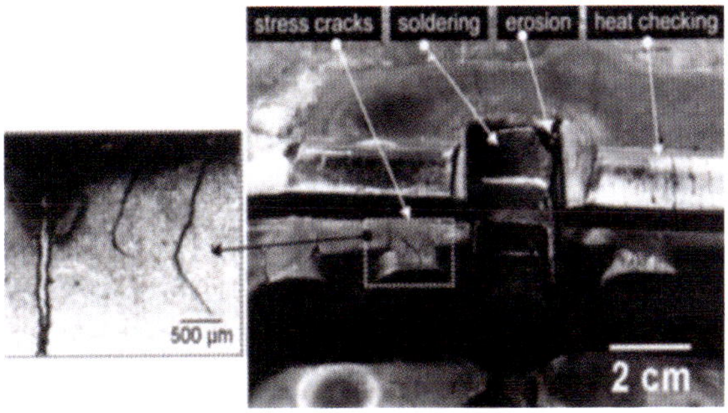

Bild 5.102: Makroaufnahme des Formschadens mit Anzeichen von Erosion [61]

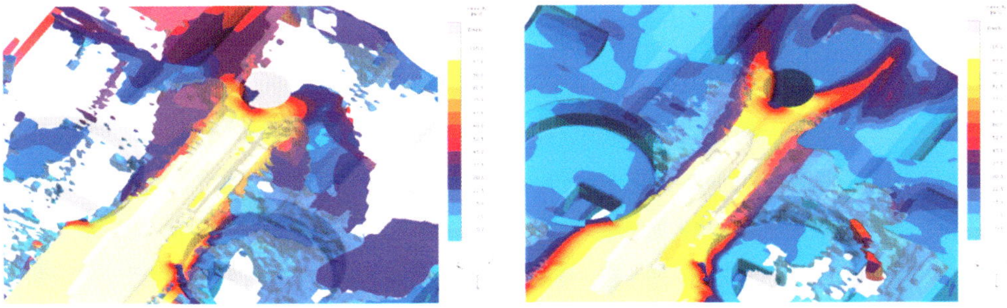

Bild 5.103: Vorhersage der Erosion der Druckgussform anhand der Analyse der Füllrate (links: 44 %, rechts: 70 %)

Bild 5.104: Vorhersage der Erosion der Druckgussform anhand der Analyse der Formtemperatur

Morphologisches Erscheinungsbild

Erosion zeigt sich mit überschüssigem Material auf dem Gussteil, das durch den Abtrag von Material aus der Form aufgrund von erosivem Verschleiß entsteht. An dem überschüssigen Material auf dem Gussteil können sich kleine Hohlräume oder relativ große Teile erodierter Oberflächen an der Form befinden.

Simulation

Um das Vorhandensein von Erosionserscheinungen während eines Gießprozesses zu erkennen, ist es nützlich, die Simulationsergebnisse der Füllung zu analysieren, insbesondere indem man die Prozessparameter beachtet, die die Ursache für das Phänomen sind, d. h. die Formtemperatur und die Fließgeschwindigkeit des flüssigen Metalls.

Ein wichtiges Kriterium für diese Analyse ist die FillVel (Füllgeschwindigkeit), die die Geschwindigkeit der Legierung während der Formfüllung zeigt (**Bild 5.103**). Mit dem Kriterium FillTemp (Fülltemperatur) kann hingegen die Temperatur der Form während der Füllphasen analysiert werden (**Bild 5.104**).

Literatur

[2, 14, 55, 59, 60, 61]

Ebene	Fehlerklassifikation	Deutsch	Italienisch	Englisch
I	B	Oberflächenfehler	Difetti superficiali	Surface defects
II	B6	Form-Metall-Reaktionsfehler	Difetti da interazione metallo/stampo	Metal/die interaction defects
III	B6.2	Ankleben	Metallizzazione	Soldering

Fehlerdefinition

Wie bei anderen Defekten im Zusammenspiel von Metall und Druckgussform spiegelt sich der metallurgische Ursprung der Beschädigung der Form (Anklebung) in der Bezeichnung des Defekts des Gussteils wider.

Der gemeinsame metallurgische Ursprung des Anklebens sind die Bildung intermetallischer Phasen auf der Oberfläche der Druckgussform und die anschließende Adhäsion der Aluminiumlegierung an diesen Phasen.

Beim Druckgießen von Aluminiumlegierungen besteht der erste Schritt des Anklebens in der Bildung kleiner Reliefs aus einer intermetallischen Al-Si-Fe-Phase, die gut am Werkzeugformmaterial haftet. Je nach verwendetem Stahl und Legierung können sich auch andere Phasen bilden (**Bild 5.105**).

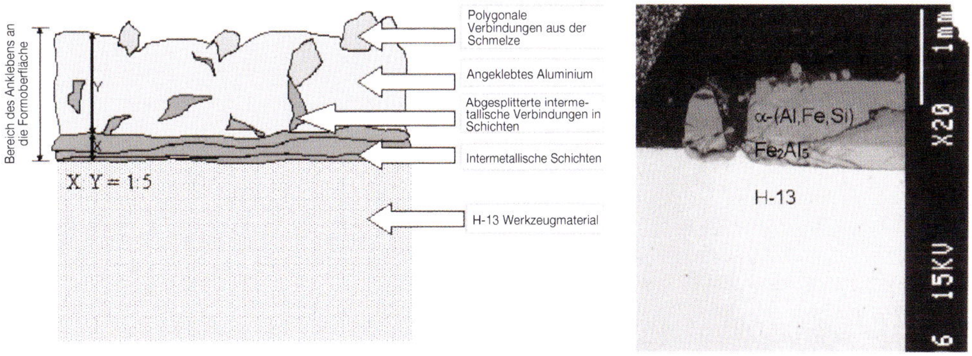

Bild 5.105: Schematische Darstellung des Klebvorgangs [68]

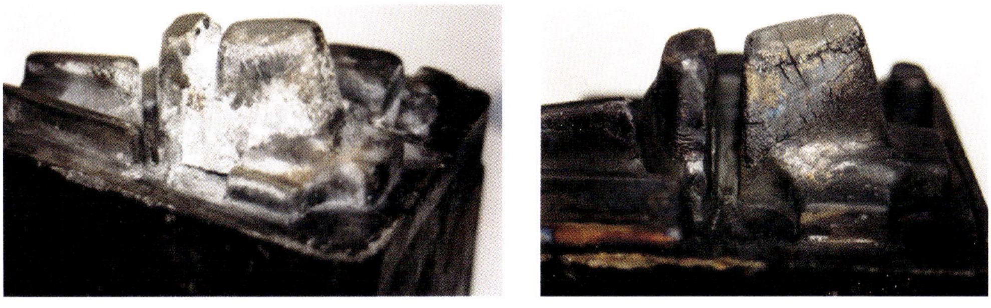

Bild 5.106: Beispiele für die Auswirkungen des Anklebens auf der Formoberfläche [14]

Bild 5.107: Beispiel für das Anklebens eines Ansatzes

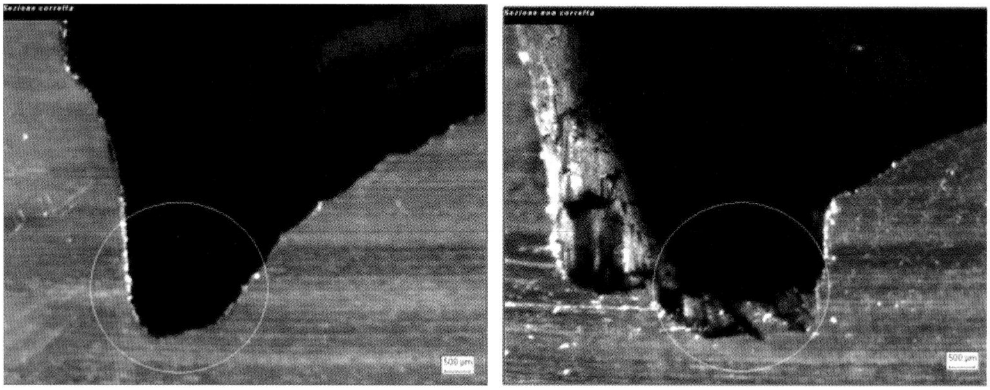

Bild 5.108: Auswirkung des Anklebens in Bezug auf die Verschlechterung der Oberflächenqualität des Gussteils [71]

Bild 5.109: Oberflächenmorphologie eines Formeinsatzes, die das Klebphänomen zeigt [69, 70]

Der von den intermetallischen Phasen bedeckte Bereich wird zunehmend größer. Im zweiten Schritt des Klebvorgangs überlagert die Aluminiumlegierung zunehmend diese intermetallischen Phasen und löst sich manchmal teilweise und lokal ab, wodurch sich die Geometrie des Fehlers auf den Gussteilen leicht verändert. Die Bildung der bereits erwähnten intermetallischen Phasen erfolgt an Oberflächenabschnitten, auf denen keine Schutzschicht vorhanden ist. Das Ankleben erfolgt daher oft sofort in Bereichen der Form, die dem flüssigen Metall bei relativ hohen Temperaturen und Durchflussraten ausgesetzt sind. Das Ankleben kann auch leicht an Zonen der Formoberfläche erfolgen, an denen zuvor thermische Ermüdungs- oder Erosionserscheinungen aufgetreten sind (**Bild 5.106**, **Bild 5.107** und **Bild 5.108**).

Morphologisches Erscheinungsbild

Dieser Fehler, der typischerweise bei Druckgussstücken aus Aluminiumlegierungen auftritt, besteht in einer örtlichen Rauheit oder einem Materialmangel an der Oberfläche des Gussstücks infolge der Bildung von Reliefs mit Aluminiumschichten auf der Form. Makroskopisch sind auf den Formen zunächst kleine Reliefbereiche aus Aluminium zu sehen, die sich ausdehnen und schichtweise aufbauen (**Bild 5.109**).

Simulation

Die Simulationsergebnisse, die berücksichtigt werden können, um das Ankleben zu vermeiden, sind die Temperaturwerte auf der Oberfläche während der Füll- und Erstarrungsphase. D. h., die Simulationsergebnisse müssen sorgfältig analysiert werden, um zu überprüfen, ob einige Bereiche auf der Formoberfläche kritische Werte überschreiten, um das Phänomen auszulösen (etwa 500 °C). Die Simulation liefert ein unmittelbares Kriterium zur Identifizierung möglicher Anklebungen, indem sie die oben genannten Ursachen herausarbeitet (**Bild 5.110**, **Bild 5.111**, **Bild 5.112** und **Bild 5.113**). Das Gießmetall klebt an der Formoberfläche fest (engl.: Die Soldering).

Literatur:

[2, 14, 55, 58, 59, 60, 61, 62, 63, 64, 65, 66, 67, 68, 69, 70, 71]

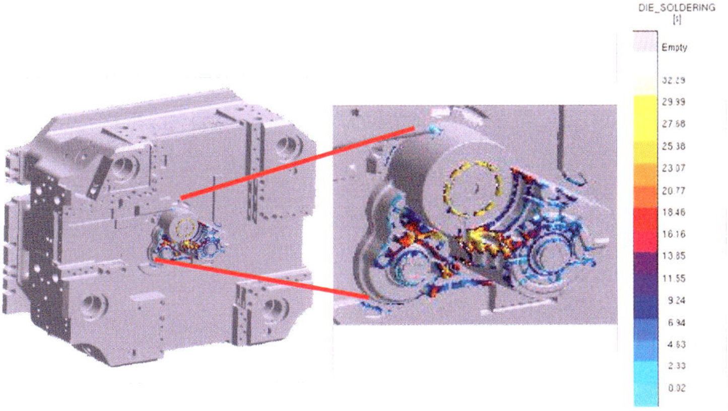

Bild 5.110: Vorhersage der Bereiche auf der Formoberfläche, die ein höheres Risiko für das Ankleben aufweisen

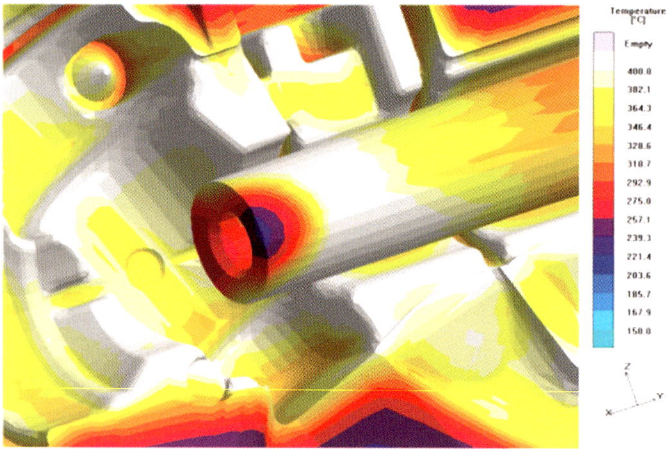

Bild 5.111: Vorhersage des Anklebens durch Analyse der Werkzeugtemperatur

Bild 5.112: Vorhersage des Anklebens anhand der Analyse der Legierungstemperatur

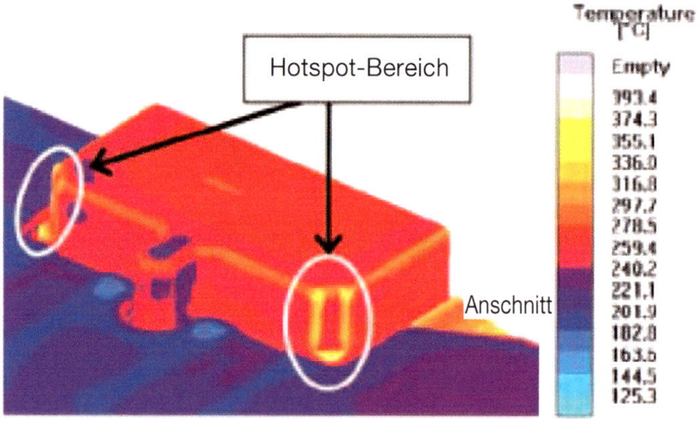

Bild 5.113: Klebvorhersage mittels Werkzeugtemperatur-Analyse [63]

Ebene	Fehlerklassifikation	Deutsch	Italienisch	Englisch
I	B	Oberflächenfehler	Difetti superficiali	Surface defects
II	B6	Form-Metall-Reaktionsfehler	Difetti da interazione metallo/stampo	Metal/die interaction defects
III	B6.3	Thermische Ermüdung/ Brandrisse	Crettature da fatica termica	Thermal fatigue

Fehlerdefinition

Thermische Ermüdungsrisse sind schmale Gussreliefs mit besonderer Anordnung, die mit dem Vorhandensein von thermischen Ermüdungsrissen in der Form zusammenhängen.

Mit zunehmender Betriebsdauer der Form können sich an den Rändern oder an der Oberfläche mehr oder weniger tiefe Risse bilden, die durch die Wiederholung von Spannungs-Dehnungs-Zyklen verursacht werden, die durch die Temperaturwechselschwankungen beim Kontakt der Formoberfläche mit dem flüssigen Metall und dem Schmier-/Trennmittel entstehen. Dieses Phänomen wird allgemein als thermische Ermüdung beziehungsweise als Brandrisse bezeichnet.

Im Allgemeinen werden die Risse mit zunehmender Nutzung der Form dichter und tiefer. Das flüssige Metall dringt in die Risse in der Form ein, wodurch schmale Oberflächenreliefs entstehen, die die Risse im Negativ abbilden. Diese Reliefs stellen den Fehler in den untersuchten Druckgussteilen dar (**Bild 5.114**, **Bild 5.115**, **Bild 5.116**, **Bild 5.117**, **Bild 5.118** und **Bild 5.119**).

Morphologisches Erscheinungsbild

Der Fehler besteht aus einer Reihe von schmalen Reliefs auf der Oberfläche des Gussteils. Solche Reliefs bilden sich entsprechend einer Reihe von Rissen auf der Oberfläche des Formhohlraums.

Auf ebenen Flächen bilden sich zwei senkrechte Reihen von parallelen Rissen aus, die eine netzförmige Struktur ausweisen (ein weiteres effizientes Bild zur Beschreibung des Defekts ist eine Krokodilhautstruktur).

An den Kanten der Form tritt die Degradation des Werkzeugmaterials früh auf und schreitet schneller voran. Diese ist nur von einer Reihe paralleler Linien senkrecht zur Kantenlinie gekennzeichnet.

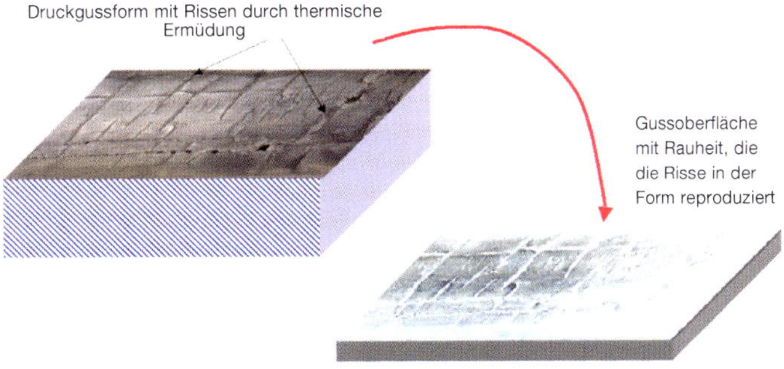

Bild 5.114: Schematische Darstellung der Auswirkungen der thermischen Ermüdung des Druckgießwerkzeuges auf das Gussteil

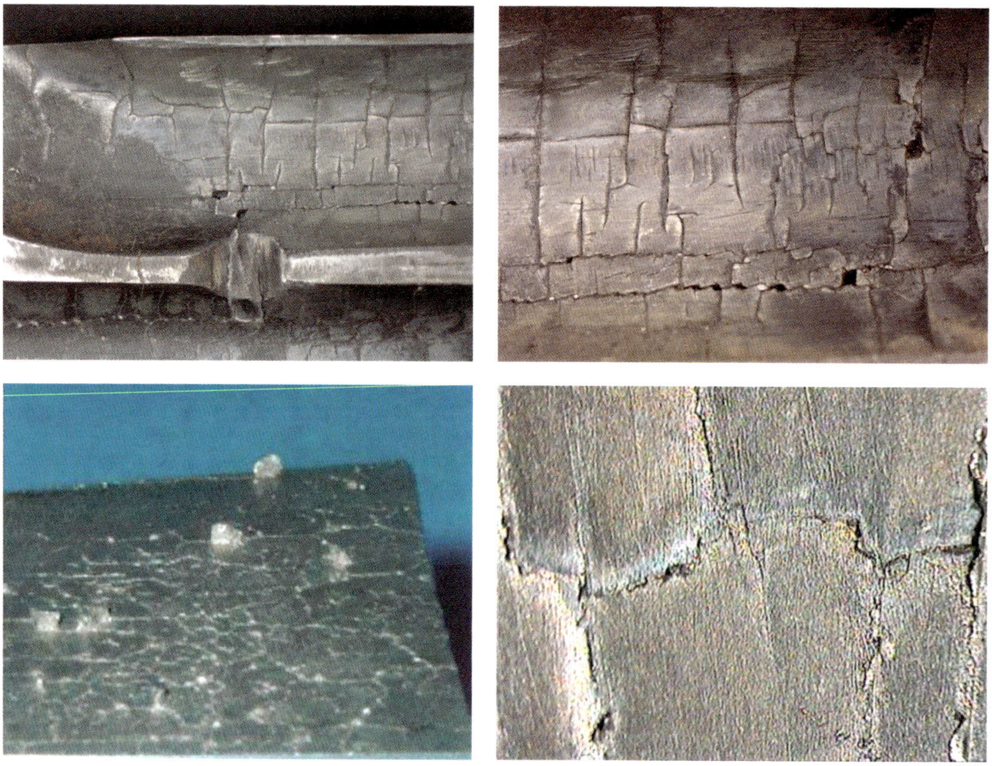

Bild 5.115: Risse durch thermische Ermüdung auf der Formoberfläche (oben); zugehörige Defekte auf der Gussoberfläche (unten) [14]

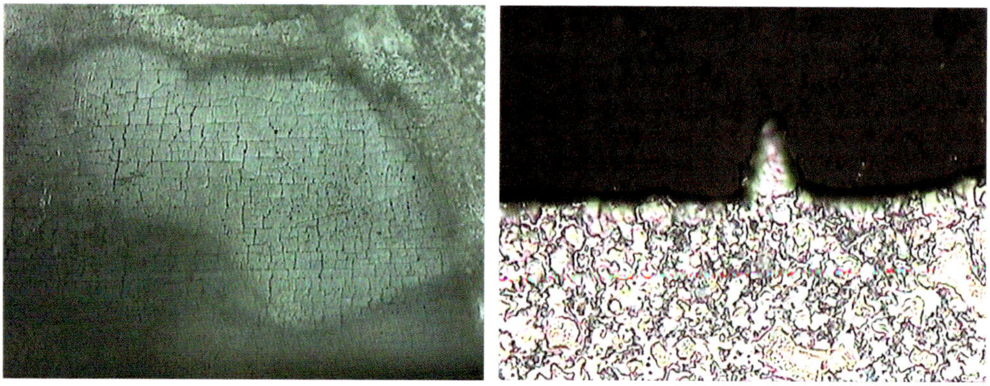

Bild 5.116: Oberfläche eines Gussstücks mit Rauheit durch Ermüdungsrisse an der Form (links) und deren mikroskopischer Schnitt (links) [14]

Simulation

Diese Art von Defekt tritt auf dem Gussstück unabhängig vom spezifischen Gießverfahren oder von ungeeigneten Parametern auf, sondern ist auf eine Veränderung der Form zurückzuführen, die mit Oberflächenrissen verbunden ist. Diese Risse bilden sich an den Wänden der Form in bestimmten kritischen Bereichen und werden durch Spannungen verursacht, die durch die thermischen Zyklen der Form ausgelöst werden.

Um die Lebensdauer einer Form vorherzusagen, gibt es ein Kriterium, das es ermöglicht, abzuschätzen, nach wie vielen Gießzyklen die Form aufgrund der auftretenden thermischen Spannungen reißt.

Dieses Kriterium wird „Log10cycles" genannt und ermöglicht es zu erkennen, welche Bereiche des Gussteils Rissbildung aufweisen werden (**Bild 5.120**, **Bild 5.121**, **Bild 5.122** und **Bild 5.123**).

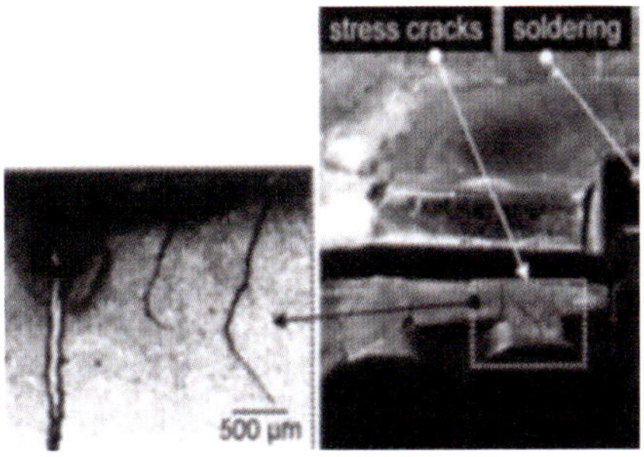

Bild 5.117: Schliffbild einer Formoberfläche mit Rissen durch thermische Ermüdung [61]

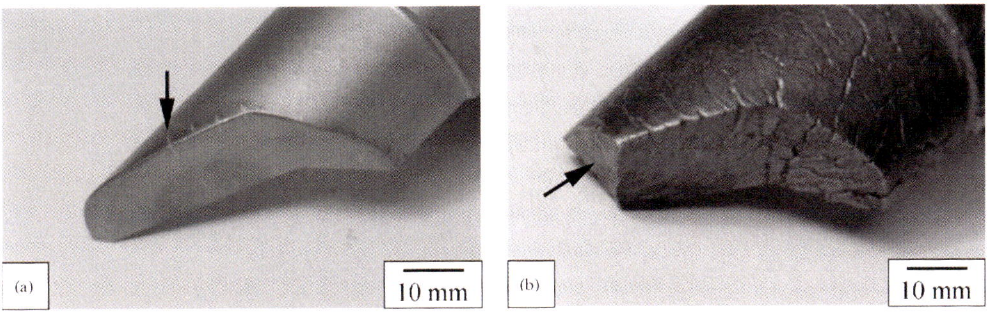

Bild 5.118: Beispiel für thermische Ermüdungsrisse in einem Insert und deren Entwicklung bis zum Bruch [72]

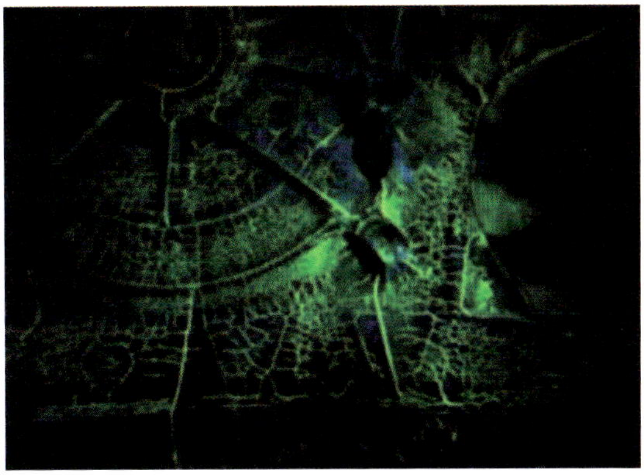

Bild 5.119: Visualisierung von Ermüdungsrissen auf der Werkzeugoberfläche (Bild mit freundlicher Genehmigung von Acciaierie Aubert & Duval)

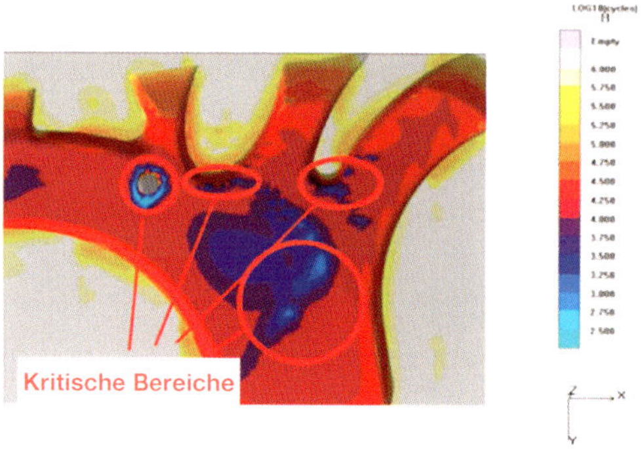

Bild 5.120: Vorhersage von Defekten, die durch thermische Ermüdung verursacht werden, mithilfe des Log10cycles-Kriteriums (Bild mit freundlicher Genehmigung der Magma GmbH)

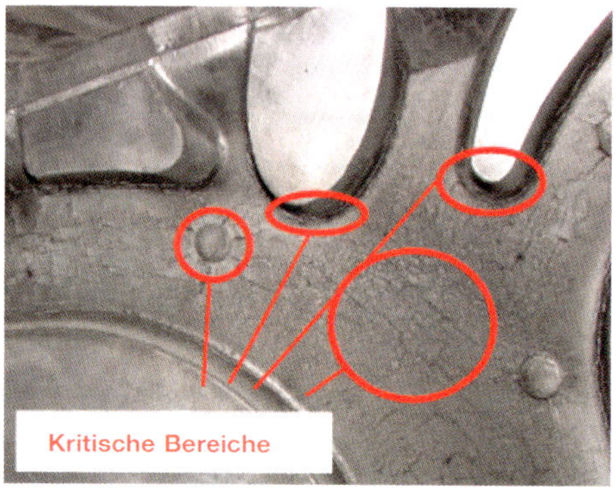

Bild 5.121: Risse auf der Oberfläche des Druckgießwerkzeuges, die den in der Simulation nachgewiesenen Regionen entsprechen (Bild mit freundlicher Genehmigung der Magma GmbH)]

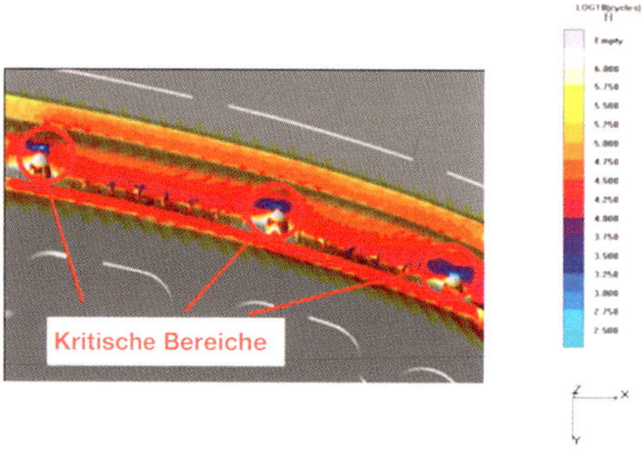

Bild 5.122: Vorhersage von Defekten, die durch die thermische Ermüdung der Form induziert werden, mithilfe des Log10cycles-Kriteriums (Bild mit freundlicher Genehmigung der Magma GmbH)

Bild 5.123: Risse auf der Werkzeugoberfläche, die den in der Simulation nachgewiesenen Bereichen entsprechen (Bild mit freundlicher Genehmigung der Magma GmbH)

Literatur

[2, 14, 55, 59, 60, 61, 62, 66, 67, 72]

Ebene	Fehlerklassifikation	Deutsch	Italienisch	Englisch
I	B	Oberflächenfehler	Difetti superficiali	Surface defects
II	B6	Form-Metall-Reaktionsfehler	Difetti da interazione metallo/stampo	Metal/die interaction defects
III	B6.4	Auswurfmarke	Segno di espulsione	Ejection mark

Fehlerdefinition

Eine Auswerfmarke tritt infolge einer Hinterschneidung in der Form, die auch durch Wechselwirkungen zwischen Metall und Form entstanden sein kann (**Bild 5.124**), auf.

Wenn das Ausstoßen des Gussteils aus der Form erfolgt, während das Gussteil noch eine hohe Temperatur hat und daher leicht verformbar ist, führt auch bereits eine kleine Hinterschneidung zu einer dauerhaften lokalen Verformung des Gussstücks, die sein Auswerfen erschwert, aber nicht verhindert.

Der Begriff „Auswurfmarke" bezieht sich nicht auf Spuren, die an den Auswerfern auf dem Gussstück zurückbleiben und mit deren falscher Geometrie oder Position zusammenhängen.

Auswurfmarken sind typische geometrische Fehler (**Bild 5.125** und **Bild 5.126**).

Bild 5.124: Schematische Darstellung der Auswurfmarken

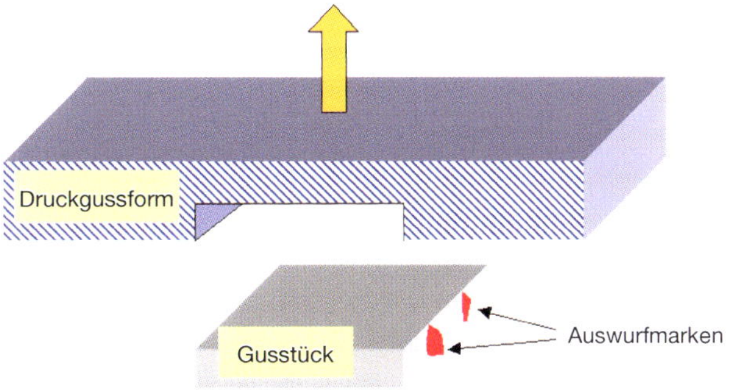

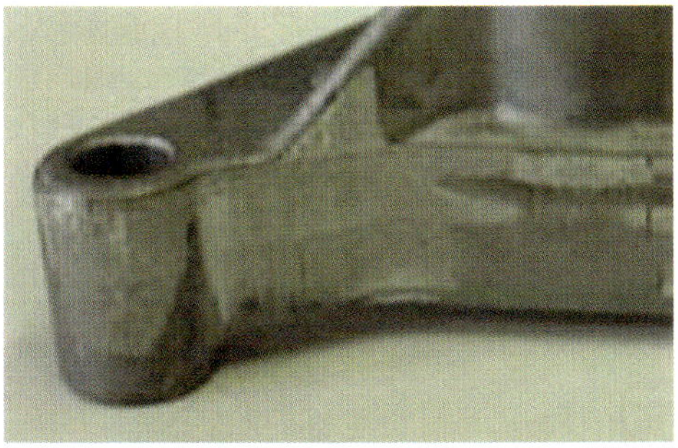

Bild 5.125: Makrografie einer Auswurfmarke: Man erkennt die Richtung der Gussentnahme.

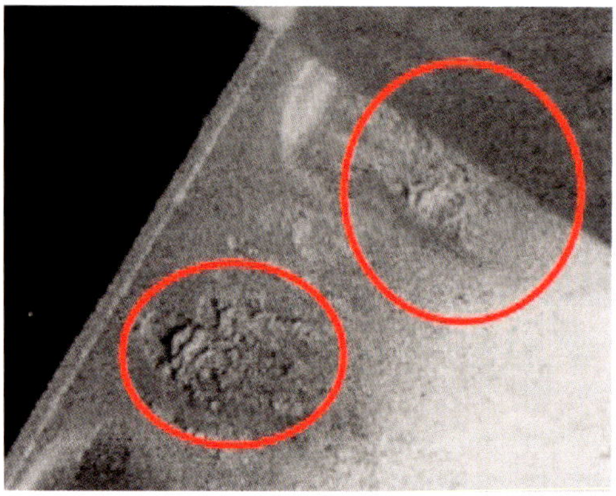

Bild 5.126: Makrografie eines Auswurfs mit einer groben Morphologie [73]

Morphologisches Erscheinungsbild

Eine Auswurfmarke besteht aus einer hauptsächlich plastischen Verformung des Gussteils nach innen, die sich entlang der Richtung des Auswurfs aus dem Werkzeug erstreckt.

Simulation

Nicht anwendbar

(s. **Bild 5.127** und **Bild 5.128**).

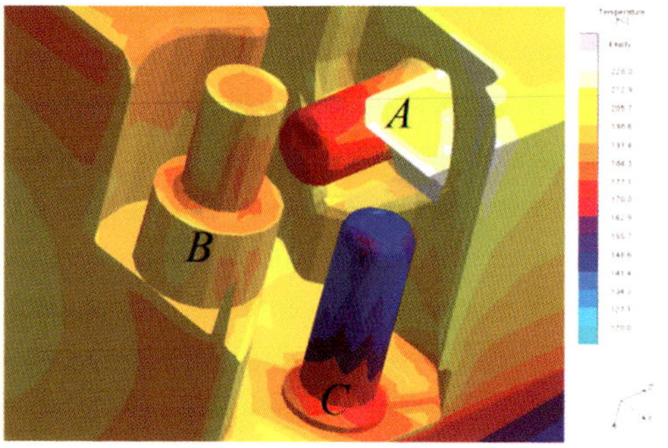

Bild 5.127: Temperaturverteilung im Druckgießwerkzeug mit Blick auf die Vorhersage der Auswurfmarken

Bild 5.128: Temperaturverteilung im Druckgießwerkzeug im Hinblick auf die Vorhersage der Auswurfmarken

Ebene	Fehlerklassifikation	Deutsch	Italienisch	Englisch
I	B	Oberflächenfehler	Difetti superficiali	Surface defects
II	B6	Form-Metall-Reaktionsfehler	Difetti da interazione metallo/stampo	Metal/die interaction defects
III	B6.5	Werkzeugkorrosion	Corrosione dello stampo	Corrosion of the die

Fehlerdefinition

Dieser Fehler ist von Unregelmäßigkeiten auf der Oberfläche des Gussstücks gekennzeichnet, die dadurch entstehen, dass ein entsprechender Bereich der Formoberfläche von Korrosionserscheinungen betroffen ist.

Die Formkorrosion kann allgemein oder lokal auftreten. Im ersten Fall verändert die Korrosion die Formoberfläche relativ gleichmäßig. Im zweiten Fall kann sie zu Hohlräumen oder Rissen in der Form führen.

Übermäßige Formkorrosion, ob allgemein oder lokal, kann auch zu Maßabweichungen an den Gussstücken oder auch zu lokalen Materialüberschüssen führen sowie andere Fehlererscheinungen wie Auswurfspuren, Ablagerungen oder Einschlüsse begünstigen (**Bild 5.129** und **Bild 5.130**).

Morphologisches Erscheinungsbild

Das Gussstück hat eine besonders raue Oberfläche, die vor allem an den am stärksten korrodierten Stellen der Form auffällt.

Simulation

Dieser Fehler kann nicht durch numerische Simulationen analysiert werden, es sei denn, die Ursachen für seine Entstehung werden zurückverfolgend untersucht.

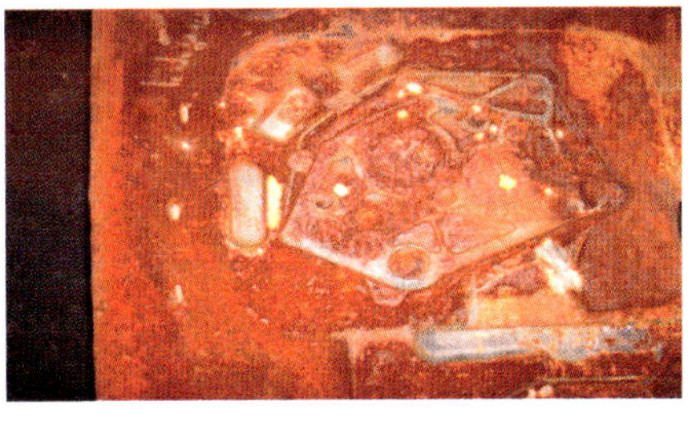

Bild 5.129: Stark korrodierter Formhohlraum

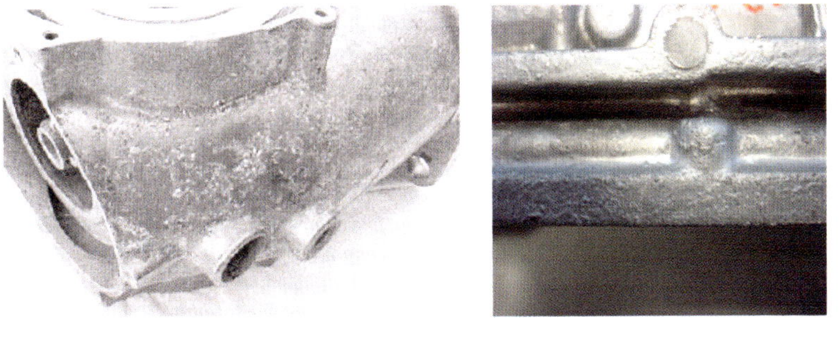

Bild 5.130: Makroaufnahmen von Gussteilen, die mit korrodierten Formen hergestellt wurden

Ebene	Fehlerklassifikation	Deutsch	Italienisch	Englisch
I	C	Geometrische Fehler	Difetti di geometrica	Geometry defects
II	C1	Materialmangel	Mancanza di materiale	Lack of material
III	C1.1	Unvollständiger Guss	Getto incompleto	Incomplete casting

Fehlerdefinition

Aufgrund der schlechten Fließfähigkeit der Legierung kann es vorkommen, dass die Fließvorgänge in bestimmten Abschnitten des Formhohlraums stoppen, bevor der Hohlraum komplett gefüllt ist, was zu dem als „unvollständiger Guss“ bekannten Fehler führt (**Bild 5.131**).

Die schlechte Fließfähigkeit ist eine Folge des Erreichens einer niedrigen Temperatur des Flüssigmetalls in diesen Abschnitten des Formhohlraumes.

Morphologisches Erscheinungsbild

Unvollständiges Gießen führt zu Materialmangel in bestimmten Gussteilabschnitten. Der Formhohlraum wird nicht vollständig abgebildet.

Die Bereiche, die von diesem Fehler betroffen sein können, sind typischerweise diejenigen, die vom flüssigen Metall zuletzt erreicht werden.

Simulation

Die Kriterien für die Untersuchung dieses Fehlers sind FillTemp und FillVel (**Bild 5.132** und **Bild 5.133**). Das erste Kriterium bezieht sich auf die Temperatur, die das flüssige Metall (an jedem Punkt und zu jedem Zeitpunkt) während des Füllens hat. Mit dem zweiten Kriterium wird die Geschwindigkeit des flüssigen Metalls bewertet.

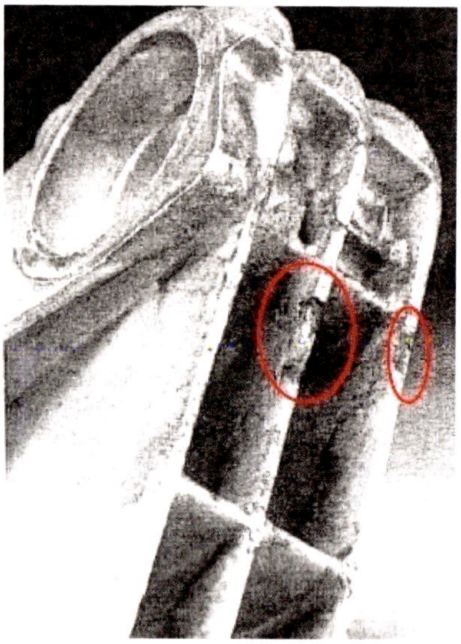

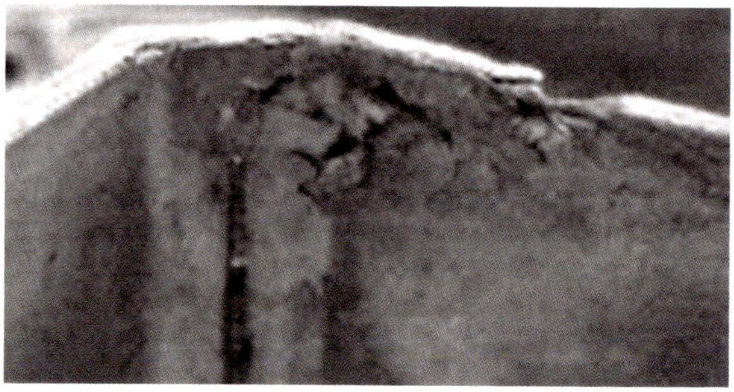

Bild 5.131: Beispiele für unvollständige Gussteile [31, 73]

Da Geschwindigkeit und niedrige Temperaturen nicht die einzigen Ursachen für eine unvollständige Formfüllung sind, kann es auch sinnvoll sein, die Kriterien Luftdruck und Lufteinschluss mit einzubeziehen, um den Luftwiderstand zu bewerten, der dem flüssigen Metall beim Durchlaufen der Form entgegensteht (**Bild 5.134** und **Bild 5.135**).

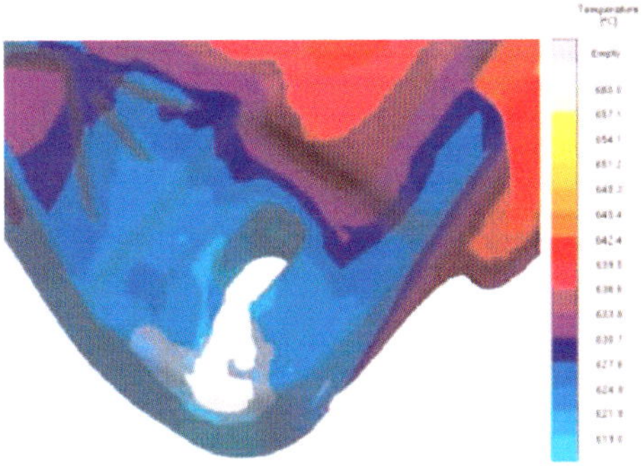

Bild 5.132: Vorhersage des unvollständigen Gusses mithilfe der Analyse der Legierungstemperatur bei 98 % der Füllung

Bild 5.133: Vorhersage des unvollständigen Gusses mithilfe der Analyse der Legierungsgeschwindigkeit bei 98 % der Füllung

Bild 5.134: Vergleich zwischen der Simulation des unvollständigen Gusses und dem erhaltenen Guss (Bild mit freundlicher Genehmigung der Magma GmbH) [26]

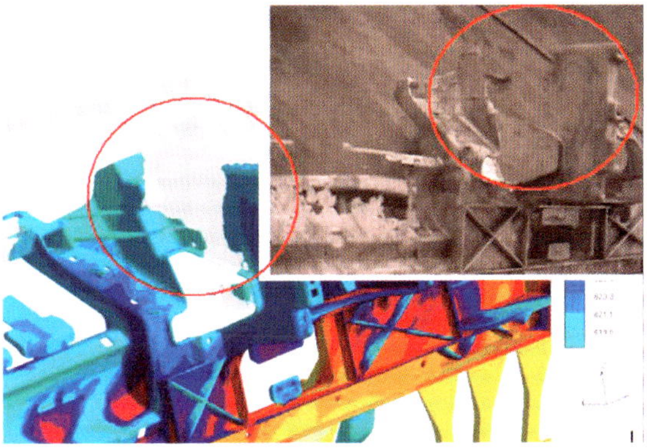

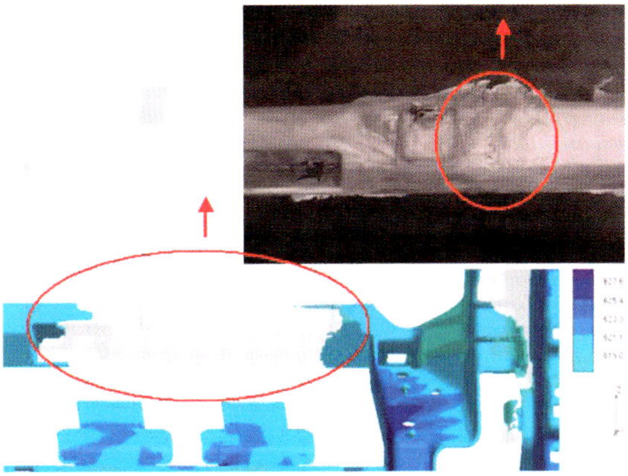

Bild 5.135: Vergleich zwischen der Simulation des unvollständigen Gusses und dem erhaltenen Gussstück (Bild mit freundlicher Genehmigung der Magma GmbH) [26]

Ebene	Fehlerklassifikation	Deutsch	Italienisch	Englisch
I	C	Geometrische Fehler	Difetti di geometrica	Geometry defects
II	C2	Materialüberschuss	Eccesso du materiale	Excess of material
III	C2.1	Grat	Bava	Flash

Fehlerdefinition

Als Grat bezeichnet man einen Materialüberschuss, der durch das Eindringen von flüssigem Metall in die Zwischenräume zwischen verschiedenen Teilen der Form entsteht, die die Oberfläche der Kavität unterbrechen (Trennflächen zwischen den Werkzeugteilen, aber auch zwischen Kavitäten und Kernen, Schiebern, Auswerfern) (**Bild 5.136** und **Bild 5.137**).

Morphologisches Erscheinungsbild

Der Grat stellt einen Materialüberschuss dar, der eine dünne Schicht bildet, deren Geometrie derjenigen der Oberfläche, in die das flüssige Metall eingedrungen ist, sehr ähnlich ist.

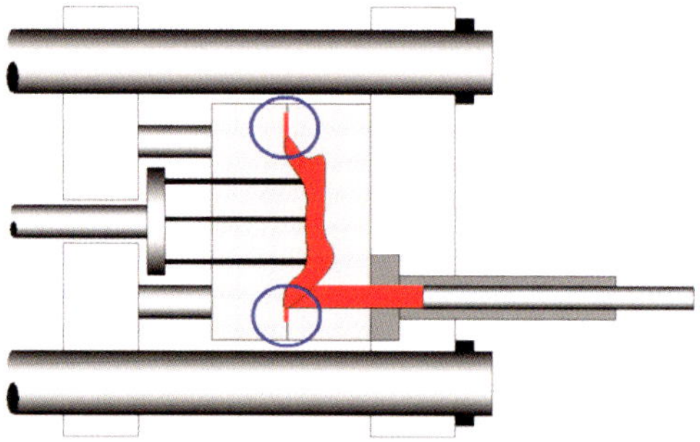

Bild 5.136: Schematische Darstellung zur Bildung von Gussgraten

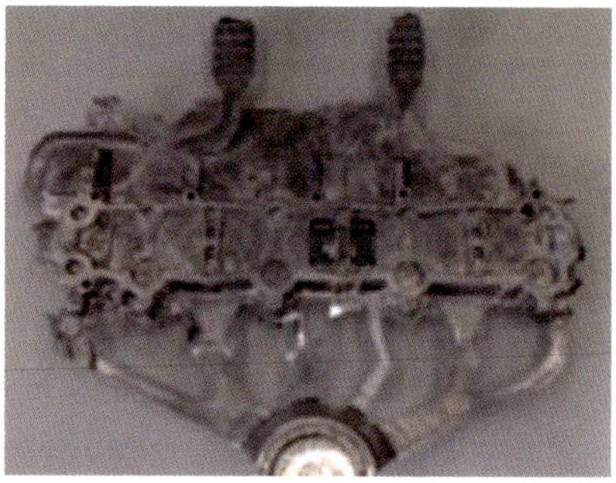

Bild 5.137: Makroaufnahme der Gratbildung [73]

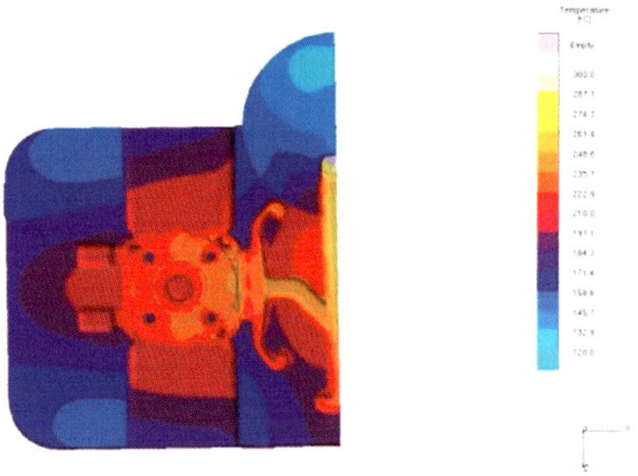

Bild 5.138: Gussgrat: Temperatur im festen Teil der Druckgießform (mit freundlicher Genehmigung der Magma GmbH)

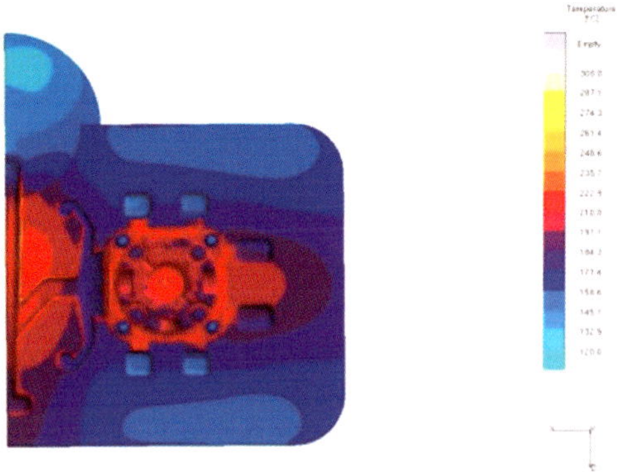

Bild 5.139: Gussgrat: Temperatur im beweglichen Teil der Druckgießform (mit freundlicher Genehmigung der Magma GmbH)

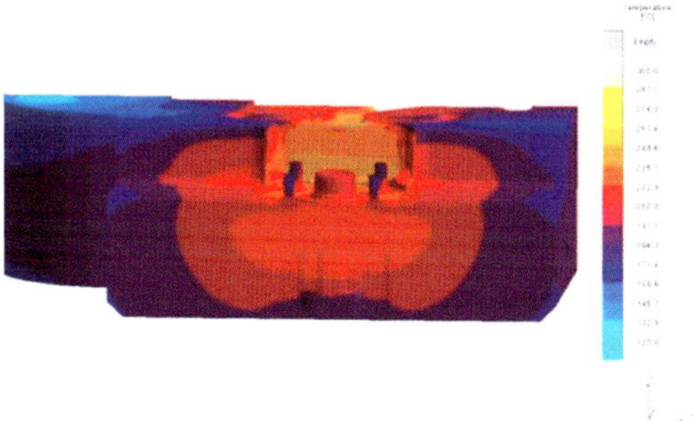

Bild 5.140: Gussgrate: Temperatur des festen Druckgießform (mit freundlicher Genehmigung der Magma GmbH)

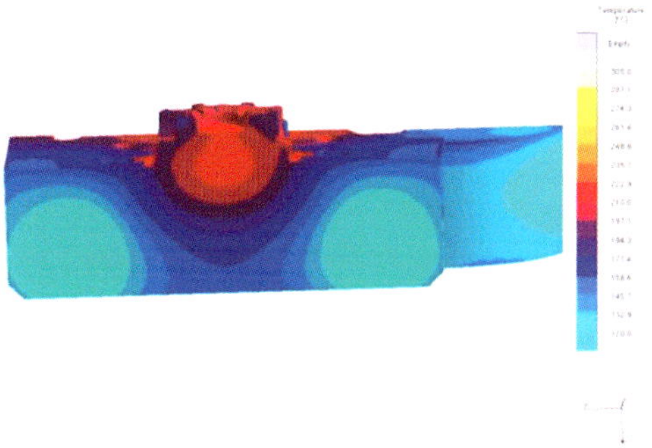

Bild 5.141: Gussgrate: Temperatur des beweglichen Druckgießformteils (mit freundlicher Genehmigung der Magma GmbH)

Simulation

Mit einer Analyse des Drucks der Legierung im Inneren der Form und einem Vergleich mit der Schließkraft der Druckgießmaschine lassen sich mögliche Fehler wie der hier untersuchte beurteilen.

Grate können auch auf die unterschiedliche Wärmeausdehnung der verschiedenen Teile der Formen zurückgeführt werden. Um diese Ursache einzuschätzen, ist es sinnvoll zu untersuchen, ob die betroffenen Formenteile die gleichen Temperaturen aufweisen. Ist dies nicht der Fall, würde die unterschiedliche Wärmeausdehnung, die von ungleichen Formtemperaturen abhängt, dazu führen, dass das flüssige Metall in den sich bildenden Spalt fließen kann. Es kann sich Grat ausbilden.

Die DispX-Y-Z-Kriterien (Verschiebung in X-Y-Z-Richtung) ermöglichen die Quantifizierung der Formverformung und mit einem geeigneten Vergrößerungsfaktor kann die Verformung besser verfolgt werden (**Bild 5.138**, **Bild 5.139**, **Bild 5.140**, **Bild 5.141** und **Bild 5.142**).

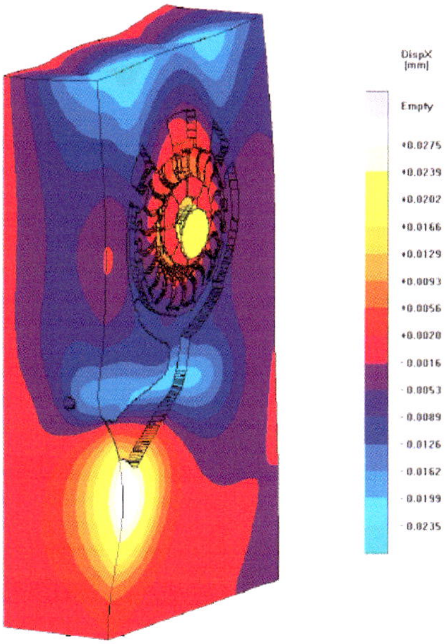

Bild 5.142: Gussgrate: Verformung aufgrund von thermischen Spannungen in einer Form, bewertet mit dem Disp.-Kriterium (mit freundlicher Genehmigung der Magma GmbH)

Ebene	Fehlerklassifikation	Deutsch	Italienisch	Englisch
I	C	Geometrische Fehler	Difetti di geometrica	Geometry defects
II	C3	Maßabweichung	Fuori tolleranza	Out of tolerance
III	C3.1	Deformiertes Gussteil/Verzug	Getto deformato	Deformed part

Fehlerdefinition

Der hier als „verformtes Teil“ bezeichnete Fehler ist ein Fehler metallurgischen Ursprungs, der sich typischerweise auch erst nach dem Auswerfen des Gussteils aus der Form zeigt (**Bild 5.143** und **Bild 5.144**).

Seine Entstehung hängt mit der Volumenkontraktion während der Abkühlung des Gussstücks zusammen, die zu Spannungszuständen im Gussstück führen kann. Beim Auswerfen des Gussstücks aus der Form können die Temperaturen und die vorhandenen Spannungen so hoch sein, dass sich das Teil, das nun frei von den Zwängen der Form ist, sogar plastisch verformt. Die Verformung von Gussstücken ist in der Tat am deutlichsten bei Gussstücken, die bei hohen Temperaturen aus dem Formhohlraum entnommen werden, tritt aber auch an Gusstücken mit starken Wanddickenunterschieden auf.

Morphologisches Erscheinungsbild

Der als „deformiertes Gussteil“ bezeichnete Fehler entspricht einer Abweichung der Gussteilgeometrie von der Zeichnung, die auch dann auftritt, wenn keine lokalen Materialüberschüsse oder -mängel vorliegen.

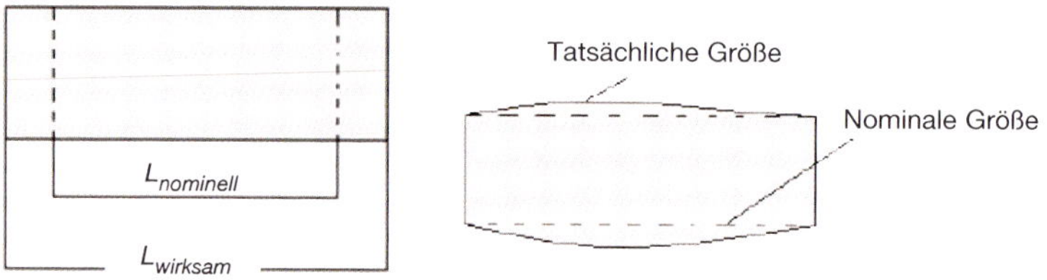

Bild 5.143: Schematische Darstellung von zwei Gussstücken, die außerhalb der Toleranzen liegen: maßlich (links) und geometrisch (rechts)

Bild 5.144: Makroaufnahmen von Gussteilen außerhalb der Toleranz: geometrisch (links) und maßlich (rechts) [73]

Simulation

Mit der Simulation von Eigenspannungen und Verformungen ist es möglich zu bewerten, ob es zu Verformungen nach dem Entformen des Gussteils, nach dem Trennen des Gießsystems oder beim Abkühlen auf Raumtemperatur kommen kann (**Bild 5.145**, **Bild 5.146** und **Bild 5.147**).

Das Max-Principal-Stress-Kriterium zeigt den Wert der maximalen Hauptspannung an, während mit dem Disp-Kriterium das Ausmaß der Gussstückverformung abgeschätzt werden kann.

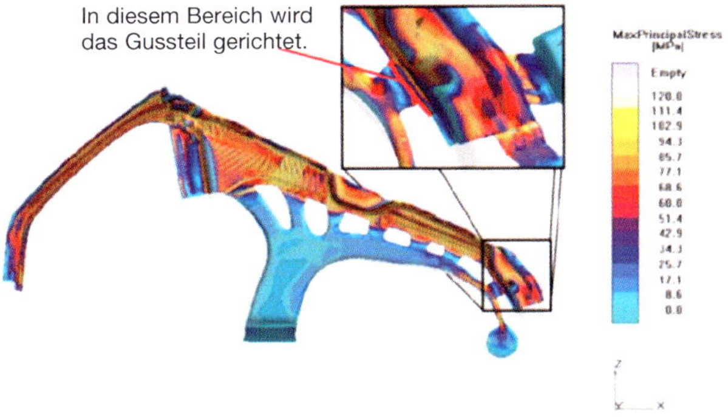

Bild 5.145: Deformiertes Teil: Visualisierung des Ausmaßes der Verformung und des durch die Druckgießform verursachten Spannungszustands (Bild mit freundlicher Genehmigung der Magma GmbH)

Bild 5.146: Deformiertes Teil: Visualisierung des Verformungsgrades nach der Entnahme aus der Druckgießform (Bild mit freundlicher Genehmigung der Magma GmbH)

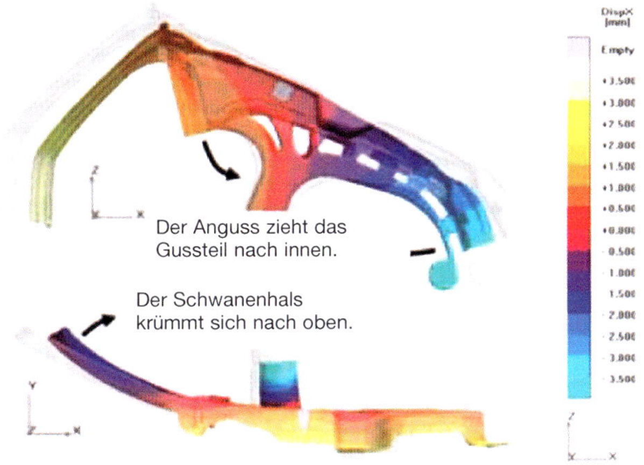

Bild 5.147: Deformiertes Teil: Visualisierung des Ausmaßes der Verformung nach dem Entformen und nachfolgender Abkühlung (Bild mit freundlicher Genehmigung der Magma GmbH)

6. Wörterbuch der Fehler an Druckgussteilen

6. Wörterbuch der Fehler an Druckgussteilen

DEFECT CODE	DEUTSCH	ITALIAN	ENGLISH	FRANCAIS	ESPAÑOL
A1.1	Makrolunker	Macroritiro	Macroshrinkage	Souffloures	Macrorrechupe
A1.2	Inter-dendritische Porosität	Porosità interdendritica	Interdendritic shrinkage	Microretassures	Porosidad interdendritica
A1.3	Mittel-linienlunker	Porosità planare	Centre line cavity	Microretassures centralés des pieces	Porosidad de zona intermedia
A2.1	Lufteinschluss/ Luftporosität	Porosità da aria intrappolata	Air entrapment porosity	Porositè d'air enprisoné	Porosidad de aire atrapado
A2.2	Wasserstoff-porosität	Porosità da idrogeno	Hydrogen porosity	Porositè de gaz. dissous dans le métal	Porosidad de hidrógeno
A2.3	Wasserdampf-porosität	Porosità da umidità residua	Residue vapour entrapment	Porositè	Porosidad de vapor de agua
A2.4	Gasporosität/ Verbrennungs-produkte	Porosità da lubrificante	Lubricant entrapment porosity	Porositè de gaz de poteyage	Porosidad de lubricante
A3.1	Kalt-schweißstelle	Giunzione	Cold shut	Reprise	Unión fría
A3.2	Dopplung	Sfogliatura	Lamination	Friass	Laminación
A3.3	Spritzkugel	Goccia fredda	Cold shot	Goutte froide	Gota fría
A4.1	Einschluss	Inclusione	Inclusion	Inclusion	Inclusión
A4.2	Unerwünschte Struktur	Struttura non desiderata	Undesired structure	Structure ne pas demandée	Estructura no deseada
A5.1	Riss	Cricca	Crack	Fissure	Grieta
A5.2	Warmriss	Cricca a caldo	Hot tear	Fissure à chaud	Grieta en caliente
B1.1	Einfallstelle	Ricalo	Sink	Retassure	Hundimiento
B2.1	Blister	Blister	Blister	Cloque	Burbuja
B3.1	Kaltlauf/ Fließlinien	Giunzione e vortice	Joint and vortex	Reprise	Unión y remolino
B3.2	Dopplung	Sfogliatura	Lamination	Eclatement	Foliación
B3.3	Spritzkugel	Goccia fredda	Cold shot	Goutte froide	Gota fría
B4.1	Oberflächen-abscheidung/ Schlacke	Deposito	Surface deposit	Dépot	Deposiciones
B4.2	Verunreinigung/ Einschluss	Contaminazione o inclusione	Contaminant or inclusion	Trace de lubrifiant, trace de poteyage ou inclusion	Contaminación o inclusión

DEFECT CODE	DEUTSCH	ITALIAN	ENGLISH	FRANCAIS	ESPAÑOL
B5.1	Riss	Cricca	Crack	Fissure	Grieta
B5.2	Warmriss	Cricca a caldo	Hot tear	Fissure à chaud	Grieta en caliente
B6.1	Erosion	Erosione	Erosion	Erosion	Erosión
B6.2	Ankleben	Metallizzazione	Soldering	Etamage	Metalización
B6.3	Thermische Ermüdung	Crettature da fatica termica	Thermal fatigue	Craquelure	Grieta por fatiga térmica
B6.4	Auswurfmarke	Segno di espulsione	Ejection mark	Arrachement	Marca de expulsión
B6.5	Werkzeug-korrosion	Corrosione dello stampo	Corrosion of the die	Corrosión del molde	Corrosion de moule
C1.1	Unvollständiges Gussteil	Getto incompleto	Incomplete casting	Malvenue	Pieza incompleta
C2.1	Grat	Bava	Flash	Bavure	Rebaba
C3.1	Deformiertes Gussteil/Verzug	Getto deformato	Deformed part	Deformation	Pieza deformada